职场攻坚主力

INTJ人格使用手册

张瑞阳 ◎ 著

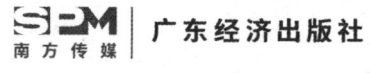

广东经济出版社

·广州·

图书在版编目（CIP）数据

职场攻坚主力：INTJ人格使用手册 / 张瑞阳著. —广州：广东经济出版社，2023.7
　　ISBN 978-7-5454-8763-3

　　Ⅰ.①职…　Ⅱ.①张…　Ⅲ.①人格心理学—手册
Ⅳ.①B848-62

中国国家版本馆CIP数据核字（2023）第064646号

责任编辑：蒋先润
责任技编：陆俊帆

职场攻坚主力：INTJ人格使用手册
ZHICHANG GONGJIAN ZHULI：INTJ RENGE SHIYONG SHOUCE

出版发行	广东经济出版社（广州市环市东路水荫路11号11~12楼）
经　　销	全国新华书店
印　　刷	珠海市国彩印刷有限公司
	（珠海市金湾区红旗镇永安一路国彩工业园）

开　　本：889mm×1194mm 1/32	印　张：8.5
版　　次：2023年7月第1版	印　次：2023年7月第1次
书　　号：ISBN 978-7-5454-8763-3	字　数：185千字
定　　价：42.00元	

发行电话：（020）87393830　　　　　编辑邮箱：286105935@qq.com
广东经济出版社常年法律顾问：胡志海律师　　法务电话：（020）37603025
如发现印装质量问题，请与本社联系，本社负责调换
·版权所有·侵权必究·

谨以此书献给坚忍、专注、独立、敏锐的INTJ人群，以及关心、关爱INTJ人群的人们，我爱你们！

·前 言·
带你走进INTJ群体的世界

作为全球效度最高的人格测评工具之一，MBTI®（Myers-Briggs Type Indicator，迈尔斯-布里格斯类型指标）广泛应用于企业管理、人才测评、人才培养及职业规划中。

MBTI®的16种人格人群中，INTJ人群是一个具有坚韧不拔毅力和强烈创新驱动力的独特群体，他们因此成为各行各业的创新引领者和攻坚主力军。在专、精、特、新的国家战略加持下，INTJ群体的创新特质和攻坚特质引发越来越多的关注和研究。

INTJ群体，人群中只有0.8%的稀有类型，却创造了很多人类的奇迹。斯蒂芬·霍金、艾萨克·牛顿、埃隆·马斯克、马克·扎克伯格、尼古拉·特斯拉、迈克尔·布隆伯格、史蒂夫·乔布斯等，都是INTJ人格的人。

INTJ群体具有深刻的洞察力，他们是创造性的整合者，给这个世界带来很多颠覆性创新；他们是有远见的战略家，不仅能制定战略，而且能分解战略并且强力推进战略。同时，他们善于应对复杂的挑战，常能在压力和挑战下脱颖而出，使得他们成为各专业的攻坚人才。

INTJ群体在成功的道路上会遇到很多世俗的"瓶颈"，比如他们不善于社交、人际交往不够圆融、喜欢独来独往、自视甚高等。但是，INTJ群体的另一些特质，比如超凡的想象力、极强的耐受力、一针见血挖掘问题根源的能力，以及不达目的不罢休的恒心和毅力，使得他们成为攻坚克难的不二人选。

作为一个INTJ群体成员，一个MBTI®认证施测师，一个奋斗在一线的管理培训师，笔者长期接触各行业的研发管理者和研发高潜人才。10多年来，通过数以万计的访谈、课题辅导、一对一教练，以及课堂内外的大量互动，不断总结和萃取出高潜研发人才的特质，以及针对该类人群的沟通、管理和激励要点。这当中，INTJ群体是一个亮丽的存在，这个小众群体在研发领域的诸多出类拔萃的表现，引发笔者的关注，并促使笔者对他们进行更深入的观察。

本书即为对这些互动、观察的总结和萃取。书中所提炼的INTJ人格的特质，一部分源自伊莎贝尔·迈尔斯的MBTI®理论原著，另一部分源自笔者从一个INTJ群体成员视角出发，对INTJ群

前言

体的观察，书中描述的INTJ人格的特质均有现实人物的原型。

本书试图对INTJ群体这个高能量群体进行多维度观察，拆解INTJ群体的人格优劣势，走进INTJ群体的世界，拥抱INTJ群体的特立独行，并帮助读者深度了解INTJ群体。

作为INTJ人格的上司，怎样管理下属？

作为INTJ人格的人的下属，怎样与他进行沟通？

作为INTJ人格的人的同事，怎样更好地和他协作？

作为企业HR，怎样针对INTJ人格的人进行选、用、育、留？

作为INTJ人格的职场人，怎样更好地提升自己？

针对以上疑问，欢迎阅读《职场攻坚主力：INTJ人格使用手册》，相信你能在本书里找到答案。

Grace（张瑞阳）

2023年夏

· 目 录 ·

第一章 破解MBTI®性格密码 \ 001

1.1 从四个维度评估人格类型 \ 004

1.2 从四个功能组洞察每组人格类型的核心 \ 009

第二章 动态MBTI®：一眼识破冰山下的秘密 \ 013

2.1 藏在冰山下的主流人格 \ 015

2.2 工匠ISTJ人群和INTJ人群"大神"的碰撞 \ 018

2.3 INFJ人格与INTJ人格横跳，双向智商平衡者 \ 022

2.4 与INTJ人格最有默契的类型：ENTJ人格 \ 026

2.5 INTP人格与INTJ人格的人，是来自理想和现实两个世界的人 \ 030

2.6 INTJ人群的冲突人生：挑战ISTJ人群，质疑ISFJ人群 \ 033

第三章 INTJ群体，人群中只有0.8%的稀有类型 \ 037

3.1 具有非凡独创性的INTJ群体 \ 039

3.2 一眼万年：相信你的直觉，不要博运气 \ 042

3.3 INTJ群体的可塑性：被强者向上塑造，不被弱者向下兼容 \ 046

3.4 INTJ群体的冲突重构：成大器者不拘小节 \ 050

3.5 INTJ群体的亲密关系：充满伤痕体验的亲密关系 \ 053

3.6 INTJ群体的专注和独立：不随风起舞，方能落地生花 \ 056

3.7 INTJ群体的精力损耗：过度咀嚼失误，小失误变成大伤痛 \ 059

第四章　处在智商傲娇链顶端的INTJ群体 \ 063

4.1 无视权威与乌合之众 \ 065

4.2 知识殿堂的构建者 \ 069

4.3 出类拔萃的萃取力和建模力 \ 072

4.4 研发攻坚的全科高手 \ 075

第五章　处在能力鄙视链顶端的INTJ群体 \ 079

5.1 能力控——慕强定律的践行者 \ 081

5.2 敏锐的INTJ群体：INTJ群体的深度洞察力 \ 085

5.3 尖锐的INTJ群体：INTJ群体的精准反馈力 \ 088

5.4 强势的INTJ群体：强势不是短板，而是核心竞争力 \ 091

第六章　INTJ人群冷漠背后的利他动机 \ 095

6.1 冷漠背后的深层心理动机 \ 097

6.2 不帮，就是最大的帮助 \ 100

6.3 不随波逐流，就是最大的成全 \ 103

第七章　处在肤浅厌恶圈的INTJ群体 \ 107

7.1 高沸点、高燃点的INTJ人群 \ 109

7.2 INTJ人群眼里的团队协作：摆烂和甩锅 \ 112

7.3 INTJ人群的焦虑：他人即"地狱"，退出他人的热闹 \ 115

7.4 打破"应该"推论，正视自己的肤浅 \ 118

第八章　集智慧、坚忍之大成的INTJ群体 \ 121

8.1 成功可以自我繁殖，你的爆发力藏在行动里 \ 123

8.2 别让认知比你低的人告诉你你不行 \ 126

8.3 所有的失去，会以另一种方式归来 \ 129

8.4 从拙于言辞到舌战群儒 \ 132

第九章　INTJ群体的致命短板：社交商 \ 135

9.1 怎样提升INTJ群体的社交能力 \ 137

9.2 INTJ群体的社交酒会：但凡INTJ群体想做的，就一定能够做好 \ 140

9.3 令人着急的INTJ群体的社交商：多一点儿忍耐，少几次翻脸 \ 143

9.4 提升你的灵性：构建INTJ群体的社交灵性矩阵 \ 146

第十章　INTJ群体的自我提升破局之路 \ 151

10.1 怎样构建你的职场核心竞争力 \ 153

10.2 构建你的心理定力 \ 157

10.3 停止反刍式内耗，和昨天说Bye bye \ 160

10.4 请善待你的良性内耗 \ 163

10.5 拓展你的格局，管理你的浮躁 \ 166

第十一章　INTJ群体的王者气场淬炼 \ 169

11.1　修炼你的气场，淬炼你的人格定力 \ 171

11.2　以张力激活你体内的活性指数 \ 175

11.3　气场全开的瞬间，人生开挂的起点 \ 178

11.4　善用惊奇效应，一键提升气场和灵性 \ 181

11.5　正用邪道，邪亦正 \ 185

第十二章　创新引领者的INTJ群体 \ 189

12.1　INTJ群体的创新整合机制 \ 191

12.2　破除条条框框的INTJ人群 \ 195

12.3　INTJ人群的自我破局能力 \ 197

12.4　INTJ人群的拼图能力 \ 201

12.5　INTJ人群的战略定力 \ 204

第十三章　INTJ群体的攻坚特质 \ 207

13.1　事缓则圆：每逢大事有静气 \ 209

13.2　迎难而上、无往不胜的攻坚力 \ 212

13.3　从0到1的破局者 \ 215

13.4　一直被模仿、从未被超越的原创力 \ 218

第十四章　怎样培养INTJ群体的攻坚力 \ 221

14.1　3个最佳，铸就卓越 \ 223

14.2　跳出能力陷阱，打造高绩效攻坚团队 \ 227

14.3　构建当机立断、临危不乱的救场能力 \ 230

14.4 制心一处：一念执着，披荆斩棘 \ 234

14.5 留白效应，让创新驻足成长 \ 237

第十五章　INTJ群体的攻坚力精进篇：有实力，才有底气 \ 241

15.1 只有势均力敌，方能平起平坐 \ 243

15.2 "一作思维"：重大决策，无须问询 \ 246

15.3 最佳实践萃取：怎样推动一件困难的事情 \ 249

15.4 人间正道是沧桑，不在关键点上偷懒 \ 253

第一章

破解MBTI®性格密码

  国际知名的MBTI®是目前运用最广、效度最高的性格分析工具。MBTI®起源于荣格的《心理类型》[1]，迈尔斯-布里格斯通过多年的实践应用，拓展了荣格的心理类型理论，并开发出MBTI®人格测评工具。在MBTI®的16种人格类型中，以内向与外向、实感和直觉、思考和情感、判断和认知四个维度16种搭配组合展开，不同的分类轴心，可以搭配千变万化的性格变化，因此，MBTI®也是目前性格研究中将性格赋予动态特征的分析工具[2]。MBTI®从注意力聚焦/能量来源、接收信息方式、决策方式和生活方式这四个维度的倾向性来评估我们的人格类型[3]，如表1所示。

  MBTI®还根据上述四个维度组合成16种人格类型[4]，如表2所示。

---

[1] 荣格：《心理类型》，吴康译，上海三联书店2009年版。
[2] Isabel Briggs etc，"MBTI® MANUAL：A Guide to the Development and Use of the Myers-Briggs Type Indicator"，1990.
[3] 同上。
[4] 同上。

表1 MBTI®类型指标介绍

维度	类型	相对应类型英文及缩写
注意力聚焦/能量来源	外向	Extrovert（E）
	内向	Introvert（I）
接收信息方式	实感	Sensing（S）
	直觉	Intuition（N）
决策方式	思考	Thinking（T）
	情感	Feeling（F）
生活方式	判断	Judgment（J）
	认知	Perceiving（P）

表2 MBTI®16种人格类型

类型名称	相对应英文字母简称	类型名称	相对应英文字母简称
内向实感思考判断	ISTJ	内向实感情感判断	ISFJ
内向直觉情感判断	INFJ	内向直觉思考判断	INTJ
内向实感思考认知	ISTP	内向实感情感认知	ISFP
内向直觉情感认知	INFP	内向直觉思考认知	INTP
外向实感思考判断	ESTJ	外向实感情感判断	ESFJ
外向直觉情感判断	ENFJ	外向直觉思考判断	ENTJ
外向实感思考认知	ESTP	外向实感情感认知	ESFP
外向直觉情感认知	ENFP	外向直觉思考认知	ENTP

1.1 从四个维度评估人格类型

外向（"E"）和内向（"I"）：注意力聚焦/能量来源

在注意力聚焦/能量来源这个维度上，我们把人分为外向的"E"人群和内向的"I"人群。外向（"E"）人群：将注意力聚焦于外部世界。生性活泼，交游广阔，追求生活的宽度，喜欢人际交往，轻松掌握人际交往的规则并陶醉其间。内向（"I"）人群：将注意力聚焦于内部世界。生性安静，喜欢阅读和沉思，追求生活的深度，对外部的人际交往规则有点儿怯场，感觉有压力[1]。

行为语言上，"E"人群是轻松开放式的人际模式，受外力吸引；"I"人群是紧张拘谨的人际模式，处于人际间有受胁迫、不自在的感觉。

---

[1] Isabel Briggs etc, "MBT®I MANUAL: A Guide to the Development and Use of the Myers-Briggs Type Indicator", 1990.

"E"人群是通过与别人讨论形成自己的观点，并在人际互动的过程中为自己充电；"I"人群则是通过自己的阅读、思考和反省形成观点，并获取新的经验和能量。

"E"人群友好善谈，自由表达自己的情感和观点，容易被人了解；"I"人群则含蓄安静，不愿过多表现自己，因此也不太容易被人了解。

想象我们在一个私人晚宴上，典型的"E"人群会是什么样子呢？他们往往是手持酒杯，四处走动，见到稍微熟悉的人便会点头微笑，打招呼，停下来和一群人交谈，行为自然，表情放松，而"I"人群呢？他们往往躲在某个角落里，或者坐在椅子上，和一两个熟悉的朋友聊得很深。

实感（"S"）和直觉（"N"）：接收信息方式

在接收信息这个维度上，我们把人分为实感的"S"人群和直觉的"N"人群。实感的"S"人群通过看、听、闻、摸等实际接触、获取信息，而直觉的"N"人群呢，则通过感知并且勾勒出事物的全貌的方式来获取信息[1]。

从"S"人群的角度，看到的是事物的局部和细节，特别务实。而"N"人群呢，则有极强的受暗示的能力，能从局部和细节的片段中看到模式和大框架。"S"人群做事喜欢从局部到全局的模式，"N"人群则喜欢从了解全局开始，进而分解到局部。由于看问题的方式不同，他们的关注点也不同，"S"人群

---

[1] Isabel Briggs etc，"MBT®I MANUAL：A Guide to the Development and Use of the Myers-Briggs Type Indicator"，1990.

关注的是眼下和现在；"N"人群关注的则是明天和未来。

性格差距导致他们努力的方向也不一样，"S"人群很实际、很现实，做事情也很务实，喜欢做明确、具体而有实际价值的事情，是个脚踏实地做事的人。"N"人群则喜欢展望未来，探寻未来的可能性，他们是抬头看路的一群人，更喜欢把握方向和探讨战略。

这样一来，针对"S"人群和"N"人群的激励策略也不尽相同，如果让一个"N"人格的人去做细节性要求高的工作，会让他陷于琐碎而精神委顿；让"S"人格的人去做战略管控，他会抓耳挠腮、精疲力竭却不得要领。双方均会感受到压力和困扰，但是对调一下，情形就会大不一样，双方会各得其所。譬如，某客户招了一个"N"人格的财会专业的毕业生来做财务，结果他屡屡出错，越批评越糟糕，后来把这个"N"人格的人调去做计划管控，不涉及具体数据和细节，结果这个人如鱼得水，越做越欢畅。

思考（"T"）和情感（"F"）：决策方式

在决策方式这个维度上，我们把人分为思考的"T"人群和情感的"F"人群两种。思考的"T"人群通过逻辑分析进行决策，而情感的"F"人群则通过价值观的评估进行决策。也就是说，"T"人群关注的是工作任务，而"F"人群关注的是人。"T"人群注重的是逻辑，他们是冷静的旁观者，只以事情是否做好为评判标准，没有附加的个人情感因素，"F"人群则会把自己置身其中，把个人的喜好和标准带进决策过程中，决策有很强烈的个人色彩[①]。

性格差距导致"T"人群本能地带有批判责难性，喜欢以批评的方式让人们纠正错误，而忽略人的感受；"F"人群则以人为本，本能地带有欣赏性，习惯以表扬鼓励的方式激励他人。"T"人群和"F"人群的关注点不同，使得"T"人群长于分析思考，而"F"人群长于理解其他人。

譬如，一个"F"倾向很明显的人事经理，每次在解聘业绩不佳的员工时都感觉压力很大，很难开口，实在不得已必须开口时，他也会尽量顾及对方的感受，他可能会说："嗯，其实你的工作整体完成情况还是不错的，假如你的业绩能够再好一点儿，我是很希望可以留下你的。"而一个就事论事的"T"倾向更明显的人事经理，会直截了当地说："你的业绩未达标，很抱歉我们只能做出这样的决策！"

判断（"J"）和认知（"P"）：生活方式

在生活方式这个维度上，我们把人分为判断的"J"人群和认知的"P"人群两种。判断的"J"人群享受果断有序的生活方式，而认知的"P"人群则享受灵活随性的生活方式[②]。

"J"人群凡事有计划、有条理，无论出门旅游还是出差，他们都会提前安排好一切行程，他们的衣柜、橱柜和办公桌通常整洁而有条理；而"P"人群恰好相反，他们并不在乎一切是否

[①] Isabel Briggs etc，"MBTI® MANUAL：A Guide to the Development and Use of the Myers-Briggs Type Indicator"，1990.
[②] 同上。

都有条理、都提前安排妥当，他们的衣柜可能乱成一堆，办公桌上可能堆满了凌乱的文件。

"J"人群的父母往往安排好孩子的每一分钟，从早晨起床到吃饭穿衣都有严格的时间表；而"P"人群的父母只掌握大致的时间，只要能出门赶上车就可以了。"J"人群很少赶在最后一分钟交作业；"P"人群从来都是在最后期限的前一天晚上加班加点地赶任务。

"J"人群做事情往往果断而有魄力；"P"人群凡事抱着开放探索的态度，一边做一边看有没有新的可能性，往往最后一分钟还在修改方案，改变决策。"J"人群喜欢做事情有个清晰的目标，他们进超市的时候往往有一份详尽的购物清单；"P"人群是边走边看，看到合适的就买下，不会提前规划。

整体而言，"J"人群做事高效、条理清楚、计划性强、坚持不懈、决策果断；"P"人群则率性自然、思维开放、善解人意、包容性强、适应性强。

1.2 从四个功能组洞察每组人格类型的核心

为了在最短的时间内帮助大家建立对MBTI®的认知，我们尝试拎重点，把目光聚焦在中间两个字母构成的四个功能组"NT""NF""ST""SF"上，它们是16型人格的"词根"，把握这四个功能组，就能把握每组人格类型的核心。

首先来看看"NT"人群。"NT"人群具有清晰的逻辑思维和较高的创新思辨力，他们关注未来的可能性，对抽象的概念化的理论有很大兴趣，但是他们感兴趣的对象不是人，而是框架、模式。他们是搭建框架的战略者和创新者，他们善于解决管理、科研等领域的问题，并在这些领域取得较大建树。"NT"人群往往喜欢接受挑战，并把挑战看成最大的激励。具有"NT"特征的人，往往具有较强的战略性，能从全局和系统上对事物进行控制和把握。他们同时具有超凡的质疑挑战精神，不仅不害怕冲突，而且能从冲突中获取有益的观点和信息，从而使自己成长、强大，他们的质疑精神是破框的根基所在、是创新的力量源泉。"NT"人群的核心特征是洞察力强、深度思考力强，有全局思考和系统思维，长于战略、规划和统筹[1]。

其次来看看"NF"人群。"NF"人群较为关注人的潜能和发展，他们热衷于开发人的潜能，擅长激励他人并帮助他人实现自我目标。他们喜欢来自他人的表扬，热衷于成为人群中的焦点。"NF"人群热情而具有洞察力，他们对新鲜的、具有多种可能性的未来充满兴趣和期待，而对于当下的现实则感到枯燥乏味。"NF"人群有很高的沟通天赋，对人际关系有很深的洞察力，能准确把握人际冲突的走向、发展和变化，有效处理人际冲突，协助意见不同的人达成一致。因此，"NF"人群很容易在咨询及教育行业取得较大建树。"NF"人群的核心特征是人际理解力强、洞察力强，有处理冲突的能力，能激发人的潜能[2]。

再次来看看"ST"人群。"ST"人群是就事论事的实干家，他们关注眼下、关注事实，相信眼看、手摸及亲耳听到的事实，对事物秉持着客观务实的态度，他们注重客观和逻辑分析，"ST"人群的主导兴趣在于事情，而不是在于人。因此，"ST"人群在法律、经济、外科手术以及会计等和"物"打交道的领域颇有建树。由于"ST"人群的就事论事和逻辑导向，使得"ST"人群格外需要清晰的工作标准和做事准则，甚至于清晰的赏罚标准，对他们来说这些都很重要。"ST"人群对于工作中的模糊地带常常

---

[1] Isabel Briggs etc，"MBTI® MANUAL：A Guide to the Development and Use of the Myers-Briggs Type Indicator"，1990.
[2] 同上。

感到困扰，他们不能理解"再精确的职责描述也会有一定程度的变化"。因此，对于"ST"人群来说，井然有序的工作环境也是激励因素之一。"ST"人群的核心特征是务实，有条理、有任务导向，比较关注事情进展，忽视人的因素①。

最后来看看"SF"人群。"SF"人群是随和友好且富有同情心的，他们关注眼下、关注事实，注重五官所感，但是他们侧重于对人的关注，因此"SF"人群在医护及客服行业等和"人"打交道的领域常有很大建树。他们能为别人提供实际的支持和协助。对"SF"人群而言，真诚的欣赏是他们的动力来源。通常来说，"SF"人群的自信心不如"NT"人群和"NF"人群强，他们在一个并不熟悉的场合会显得羞怯，有时候对自己的想法和做法并不自信，体现在行为语言上，可以明显观察到他们说话的语气不像"NF"人群、"NT"人群那么坚定，因此，他们更加需要来自上司的认可和鼓励。"SF"人群的核心特征是友善，以人为本。他们关注人，能充分替他人着想，服务于他人，通常是优秀的团队合作者②。

上述四个功能组的四组类型的人群都需要被认可、表扬、鼓励和肯定，"NT"人群需要的是对他的能力和独特性的认可，"NF"人群需要的是对他所作所为的表扬与肯定，"ST"人群需要的是规则和原则，以及上司的肯定及认可，而"SF"人群则需要上司发自内心的欣赏。

---

① Isabel Briggs etc, "MBTI® MANUAL: A Guide to the Development and Use of the Myers-Briggs Type Indicator", 1990.
② 同上。

第二章

动态MBTI®：一眼识破冰山下的秘密

MBTI®最具魅力之处,在于它能动态地探索人的潜意识。从表面看,MBTI®赋予每个个体的不过是四个字母的代码,但是,仅仅通过四个字母的组合和排列,便能衍生出无穷尽的变化。当中最令人着迷的变化是:你能透过这四个字母的组合,洞悉那些隐匿于冰山之下的特殊特质。

2.1 藏在冰山下的主流人格

MBTI®的16种人格类型中，有8种属于外向系，这8种人格的内外较为统一，能从外显中探查到主流特质。还有8种人格类型是内向系的，这个系列的人群的外显特征往往不是他们的主流人格，而是从属人格。换言之，但凡以"I"开头的性格类型，你所看到的、听到的、感受到的，其实只是他性格的冰山一角[1]，其中更为重要的2/3，是藏匿在冰山之下的。

藏匿的部分，我们可以用MBTI®清晰地探查到。这是MBTI®在培训、咨询中最有应用价值的一部分，也是传统管理培训和咨询中最容易被人忽视的一面。

譬如对于INTJ和INFJ两种特质的人格，我们经常看到的、听到的和感受的，是有着较大差异的两个人群，前者的外显特征是逻辑推理的严谨型，后者是注重人的感受的人文型，但是用MBTI®的工具一看，我们马上就能够知道，这两个类型的主流特

---

[1] Isabel Briggs etc，"MBTI® MANUAL：A Guide to the Development and Use of the Myers-Briggs Type Indicator"，1990.

征都是"N",且是内向的"N"。他们的主流特征是直觉和远见,可是"N"却分别被外显的"T"和"F"包裹起来了,也就是说,你所看的并不是他们的主流特征,而是他们的附属特征。

换言之,你所看到的不搭界的两个世界的人,其实是这个世界上联系最为紧密、最有共性的两组人群。有点儿不可思议,呵呵!但其实这也可以解释,为什么有时候在我们看来如此不般配的两个人,却能如此协调地生活在一起,而有时候看起来多么般配的人,却毫无共同语言。

所以,贸然地通过一个人的外显特征来下判断,是很容易失之偏颇的。这也是咨询和教练技术最有挑战的部分,便是把脉的准确性,换成更为专业的语言,是作为咨询师或者教练员的专业洞察力。

很多内向的"N"外显特征里几乎看不到"N"的影子,譬如以"T"作为辅助功能的INTJ人格,通常显示给外人的特征是具有很好的逻辑和批评的眼光,这种特质甚至和"N"是冲突的;同样,以"F"作为辅助功能的INFJ人格,显示给外人的更多是平和而人文的一面,倘若没有深刻的洞察目光,是很难看到他们内在的"N"的。

这也是很多"I"系列人格的人在求职、应聘或者工作岗位中被人低估的原因,很多面试官通过"I"系列人格的人的寥寥数语,就在脑子中大致勾勒出一个人的特质框架,心想:不过如此。但事实上,大多数"I"人格的人往往要在岗位上待上两年甚至更长的时间,他们"N"的一面或"T"的一面才渐渐显露出来。

作为这个系列人格的杰出代表人物,《肖申克的救赎》一片中的男主角极具说服力,他刚进监狱的时候几乎被所有人低估,但是随着时间的推移,他展现出越来越多令人讶异的品质,直到最后他逃出了监狱,他的那个主流的"N"特质才大白于天下。

这是人格动态学带给这个世界最有价值的贡献,构成我们人格的4个字母中,毫无疑问,总有一个是占支配地位的,找到那个支配者,便好似抓住了这个人人格的躯干,提纲挈领,其他的特质是附着于这个框架上的,但是,若错误地把分支当成主干,则会贻误大局,带来很多沟通的误解和徒劳,在高端咨询中,甚至会造成困扰和误导。

2.2　工匠ISTJ人群和INTJ人群"大神"的碰撞

为了更好地理解INTJ人格与ISTJ人格、INFJ人格、INTP人格、ENTJ人格四组人格的差异，本节我们来讲ISTJ人群和INTJ人群的碰撞以及"N""S"横跳。

看上去ISTJ人群和INTJ人群只差了一个字母（一个是"S"，一个是"N"），但是，这个差别有多大，可能超乎你的想象：他们是全然生活在两个世界的人。哦，不，有一点比较像，那就是压力下的固执己见。

参考下面的表3，先来看看ISTJ人格和INTJ人格的功能优先级。

ISTJ人格的主导功能是"S"，INTJ人格的主导功能是"N"，它们的辅助功能都是外显的"T"，所以外表看上去很难区分。然后看看它们的劣势功能，ISTJ人格的劣势功能是"N"，INTJ人格的劣势功能是"S"，这就是为什么ISTJ人群和INTJ人群经常会抬杠的原因。

在INTJ人群的眼里，ISTJ人群完全看不到大局，眼里只有鸡零狗碎，但是基于鸡零狗碎的逻辑又特别强，反驳起来非常吃力，属于话不投机半句多的杠精。

表3　MBTI®16种人格的功能优先级[①]

ISTJ	ISFJ	INFJ	INTJ
#1 主导功能 S（内倾） #2 辅助功能 T（外显） #3 第三功能 F（外显） #4 劣势功能 N（外显）	#1 主导功能 S（内倾） #2 辅助功能 F（外显） #3 第三功能 T（外显） #4 劣势功能 N（外显）	#1 主导功能 N（内倾） #2 辅助功能 F（外显） #3 第三功能 T（外显） #4 劣势功能 S（外显）	#1 主导功能 N（内倾） #2 辅助功能 T（外显） #3 第三功能 F（外显） #4 劣势功能 S（外显）
ISTP	ISFP	INFP	INTP
#1 主导功能 T（内倾） #2 辅助功能 S（外显） #3 第三功能 N（外显） #4 劣势功能 F（外显）	#1 主导功能 F（内倾） #2 辅助功能 S（外显） #3 第三功能 N（外显） #4 劣势功能 T（外显）	#1 主导功能 F（内倾） #2 辅助功能 N（外显） #3 第三功能 S（外显） #4 劣势功能 T（外显）	#1 主导功能 T（内倾） #2 辅助功能 N（外显） #3 第三功能 S（外显） #4 劣势功能 F（外显）
ESTP	ESFP	ENFP	ENTP
#1 主导功能 S（外显） #2 辅助功能 T（内倾） #3 第三功能 F（内倾） #4 劣势功能 N（内倾）	#1 主导功能 S（外显） #2 辅助功能 F（内倾） #3 第三功能 T（内倾） #4 劣势功能 N（内倾）	#1 主导功能 N（外显） #2 辅助功能 F（内倾） #3 第三功能 T（内倾） #4 劣势功能 S（内倾）	#1 主导功能 N（外显） #2 辅助功能 T（内倾） #3 第三功能 F（内倾） #4 劣势功能 S（内倾）
ESTJ	ESFJ	ENFJ	ENTJ
#1 主导功能 T（外显） #2 辅助功能 S（内倾） #3 第三功能 N（内倾） #4 劣势功能 F（内倾）	#1 主导功能 F（外显） #2 辅助功能 S（内倾） #3 第三功能 N（内倾） #4 劣势功能 T（内倾）	#1 主导功能 F（外显） #2 辅助功能 N（内倾） #3 第三功能 S（内倾） #4 劣势功能 T（内倾）	#1 主导功能 T（外显） #2 辅助功能 N（内倾） #3 第三功能 S（内倾） #4 劣势功能 F（内倾）

INTJ人群不屑于和ISTJ人群争论，因为INTJ人群受不了ISTJ人群的循规蹈矩、一板一眼，完全没有变通意识！INTJ人群也无法容忍ISTJ人群对显而易见的趋势熟视无睹，眼里只盯着眼前的仨瓜俩枣，完全没有大局观！

ISTJ人群认为自己的价值被贬低，他们反讽INTJ人群：常

[①] Isabel Briggs etc, "MBTI® MANUAL: A Guide to the Development and Use of the Myers-Briggs Type Indicator", 1990.

与同好争高下，不共傻瓜论短长。

反过来，在ISTJ人群看来，INTJ人群太理论化，不太接地气，动辄高屋建瓴，动辄未来三五年，ISTJ人群听着这些词，完全找不到共鸣，心里想的是："扯什么战略规划，踏实过好当下才最重要，战略能当饭吃吗？还是踏实搞好我的生产和营销最重要。"极端的ISTJ人群甚至想把INTJ人群主导的战略规划部直接砍掉，少几个人在那里乱说，空谈误国，实干兴邦，我们需要多一点儿干实事的人！

ISTJ人群会和INTJ人群抬杠是因为他们对宏图愿景不怎么感兴趣。ISTJ人群有时候特别轴，那往往都是"S"活性最高的时刻。ISTJ人群的眼里看到的更多是具体的细节和客观事实，对INTJ人群的宏图和未来洞察嗤之以鼻："净整那些没用的！"

INTJ人群认为自己的天分被践踏了，他们反击ISTJ人群：夏虫不可语冰，井蛙不可语海。

这是ISTJ人群和INTJ人群永远没有胜负的抬杠！

但是，"N""S"横跳的人群，则有效解决了"N"和"S"的对立冲突问题。先来解释一下什么叫横跳，所谓横跳，就是"N"值与"S"值不稳定，有时候跳到"N"这边，"N"值略高于"S"值一点儿，"N"占上风；有时又跳到了"S"这边，"S"值略高于"N"值一点儿，"S"占上风。

"N""S"横跳的人群，同时具备"N"和"S"的倾向，"N"和"S"在中间区友善拥抱，握手言和了。"N""S"横跳的INTJ人群捧出自己的"S"，说："我支持你的落地方案，它是对我的战略的完美支撑。""N""S"横跳的ISTJ人群则捧出自己的"N",说:"你的战略让我看到未来三年的规划,让我充满了激情,更加清楚地知道怎样去规划当下的每一天。"

然后,两个"天线宝宝"手挽手,蹦蹦跳跳地走了。

哈哈哈,这就是INTJ人群和ISTJ人群的冲突,看似永远无解,但是,随时被横跳的"N""S"两个捣蛋鬼化解。

2.3 INFJ人格与INTJ人格横跳，双向智商平衡者

为了更好地理解INTJ人格和四种接近人格的差异，本节我们来讲INFJ人格和INTJ人格的碰撞及"T""F"横跳。

先从整体来看INFJ人格与INTJ人格的横跳。参考本章第2.2节表3，INFJ人格与INTJ人格的主导功能都是"N"，辅助功能则分别是外显的"F"和"T"。根据MBTI®动态特征，内倾的"N"有强大的主导作用和整合作用，横跳时"T""F"随机出现，概率各占一半，此时，"N"可以整合人性化的"F"和理性的"T"，使得左右脑得到均衡发展，既有人文关怀，又有严谨的逻辑。加上"N"的加持，INFJ人格和INTJ人格"T""F"横跳的人的外显特征是人情世故练达，逻辑严谨周密，大局意识好，全局观很强，从事任何工作都能做好、做周全。

虽然"T""F"横跳，但是因为有雄厚的"N"加持作为底

盘,"T""F"无论怎么跳都跳不出如来的手掌心。即"N"的心胸足够宽广,能容你上蹿下跳。

但是,"T""F"的不稳定也带来人格的不稳定,即该类型人格可塑性很强,可以向左稳固在INTJ,也可以向右稳固在INFJ。处在激荡期的INT(F)J人格的人,可能是外在工作环境对"T""F"的诉求都很高,也可能是工作或婚恋尚未稳定,每一次变动,人格的不同维度都在抗议:不要忽略我!从而导致内部激荡。

接下来,再从局部来看"T"和"F"横跳,所谓横跳,即"T"和"F"的值差不多,当事人同时具备"T"特质和"F"特质,能根据情境不同,一会儿跳到"T",关注逻辑;一会儿跳到"F",关注人性化,他们往往能采用不同的特质进行决策分析。"T""F"横跳的大咖是精神世界的平衡专家,同时,"T""F"的不稳定也会带来强烈的纠结:体现在人际交往方面,比如白天"T"白脸骂了下属,吼了同事;晚上躺在床上,"F"红脸能感受到被骂同事的痛苦,所以辗转反侧,懊悔自责,但是天一亮又忍不住再骂。

总结一下,"T""F"横跳五五对开人群的若干特征[1]:

(1)决策缓慢,比"T"值或"F"值高的类型的人要花更长时间拍板决策,且决策时常感到压力,因为要兼顾逻辑精确和人文关怀。常常推翻决策,无所适从。

---

[1] Naomi L. Quenk, Jean M. Kummerow, "MBTI®© Step II™ User's Guide, Practioner's Tool for Making the Most of Step II Interpretations", 2011.

（2）容易被果敢的"T"和情绪化的"F"同时影响而摇摆不定。

（3）当为了原则不得不损害当事人利益的时候，感觉很难下手，比如给迟到的孕妇打考勤。

（4）冲突时试图双边取悦，打一巴掌之后再去摸摸对方的脸安抚。

（5）批评时先说好的，再说差的，如果对方有异议，不会坚持自己的立场，会立刻放弃观点。

（6）会采取柔和的手段处理问题，如果不起作用，会立刻跳转到强势模式，变得很凶。

（7）左右摇摆，立场不稳。经常从左派跳到右派，令人不解。

（8）对那些一直关照他们的人能保持长久的忠诚。

"T""F"的双向思维，使得"T""F"横跳五五对开人群很少坚持强硬的立场和观点，这是一个少数而特殊的群体，对人对事没有太多偏见，能同时理解"T"和"F"，具有双向智商，如果平衡得当，少一点儿纠结，那么人际关系会协调而融洽，团队氛围也会很棒。但是，如果平衡不得当，会由于他们独特的处事方式，引发很多争议。

在"T""F"不是五五开的情况下，接近中间区域，但是仍然有一方主导，比如六四开，这种结构的横跳不那么纠结，这类人群为人处世有一定的原则和立场、有基本的偏见，反而平衡感会更好。"T""F"势均力敌会引发冲突、混乱和纠结，但是，当一方的势力大于另一方时，有了主导，就会带来人格稳定。

所以,"T""F"横跳的INTJ人群,需要看其横跳的频率,在某种程度上,他们具备了双向智商,有人性化的一面,也有冷漠的一面,和"N"结合后形成的温婉特质,既能中和掉INTJ人格特质中的冷漠与尖锐,又能保留INTJ人格中的坚忍和创新。若能准确识别情境,精准应对,则人格会逐渐饱满,并能游刃有余地应对各种冲突场景。

2.4 与INTJ人格最有默契的类型：ENTJ人格

MBTI®的16型人格中，与INTJ人格最接近、最有默契的人格类型是ENTJ人格。这让很多人都觉得诧异，"E"与"I"的差别如此明显，为什么ENTJ人格的人和INTJ人格的人却能这么心有灵犀？

为了更好地理解INTJ人格和四种接近人格的差异，该小节我们来讲ENTJ人格和INTJ人格的碰撞及"E""I"横跳。

参考本章2.2节中的表3，先来看看INTJ人格和ENTJ人格的主导功能和辅助功能。

INTJ人格的主导功能是内倾的"N"，辅助功能是外显的"T"；ENTJ人格的主导功能是外显的"T"，辅助功能是内倾的"N"[①]。由上可见，"N"是两种人格的隐藏特质，且出现的

---

① Isabel Briggs etc, "MBTI® MANUAL: A Guide to the Development and Use of the Myers-Briggs Type Indicator", 1990.

频率高。"T"是两种人格的外显特质，且使用频率高。从主流特质上，ENTJ人格和INTJ人格都展现出强大的逻辑思考分析能力和系统化思考能力。

除此之外，ENTJ人格的人和INTJ人格的人还有相当多的共同点：

（1）喜欢复杂的挑战，能毫无困难地整合复杂、抽象化的东西[1]；

（2）都能制定有远见的目标，并通过大刀阔斧的计划去达成目标；

（3）做事情都讲究系统化，有谋略、有思路、有方法；

（4）经常挑战他人，并在与高手过招的过程中识别那些互不退缩、直言不讳和滔滔雄辩的人；

（5）注重效率，本能地厌恶低效率和疏忽草率。

所以，要区别ENTJ人格的人和INTJ人格的人还真有几分困难，只能在"E""I"维度找突破。

接下来，我们来看看"E""I"判定的5个维度，看看这5个互为对立倾向的突出特质。

那么，这5个维度[2]包含了什么呢？

和世界连接的维度有3个：

（1）社交主动VS社交被动；

---

[1] Isabel Briggs Myers, Peter B. Myers, "GIFTS DIFFERING: Understanding Personality Type", 1995.
[2] Naomi L. Quenk, Jean M. Kummerow, "MBTI®© Step II™ User's Guide, Practitioner's Tool for Making the Most of Step II Interpretations", 2011.

（2）健谈VS内敛；

（3）合群、多链路链接VS难融、单通道深聊。

沟通、学习的维度有2个：

（1）互动体验VS内省反思；

（2）激情四溢VS安静内敛。

当然，这个只是一级目录，每个一级目录下面还有二级目录。有了这5个维度，我们可以更精准地判断INTJ人格和ENTJ人格，不会被第一印象带偏。

比如滑雪冠军谷爱凌，她虽然健谈、激情四溢，但她显然不是社交主动型的，也没那么合群，她其实是鹤立鸡群的，经常在媒体上和记者会上各种怼。大多数时候，她其实很孤独，不是在比赛，就是在拍时尚片。刷屏的照片中几乎很少有同伴的照片，她最亲密的同伴是妈妈。另外，从媒体曝光的信息来看，她的学习模式是思考和读写，对文字的驾驭能力极高，深度思考的痕迹明显。从她的交友互动看，显然，她更倾向于深度沟通。所以，她就是INTJ人格的人，一个健谈而有激情的INTJ人格类型的人，尽管她经常被误判为ENTJ人格的人。

反观社交高手邓文迪，从5个维度看都是妥妥的"E"值更高，部分在中间区域，她就是典型的ENTJ人格的人，能量大，气场强，社交范围大，社交主动性强，感觉整个美国的上流社会都在她朋友圈里。

所以，一个人到底是ENTJ人格的人还是INTJ人格的人，要从以上5个维度来判断。

但是，判断一个人是ENTJ人格的人还是INTJ人格的人的关键指标，还是要看这个人在社交场合的轻松随意度。再平衡的INTJ人格的人，在人多的社交场合都有违和感和特别见外的拘谨感，始终无法和环境彻底融为一体。而ENTJ人格的人，几乎可以毫无违和感地融入任何社交环境，这一点，身体语言骗不了人。

此外，ENTJ人群的强大号召力和振臂一呼的感召力，也是INTJ人群所欠缺的。INTJ人群天性拘谨，缺乏在公众场合振臂高呼的气场，他们的气场通常体现在他们的坚韧不拔中，以内敛的气定神闲，胸有成竹地呈现出来，不同于ENTJ人群的直抒胸臆、发号施令。

2.5 INTP人格与INTJ人格的人，是来自理想和现实两个世界的人

INTP人格和INTJ人格是物理距离上最近的类型，近到只差一个尾字母，但是，INTP人格的人和INTJ人格的人却是来自理想和现实两个世界的人。

先来看看INTP人格和INTJ人格的主导功能和辅助功能（见本章第2.2节表3），INTP人格的主导功能、辅助功能分别是内倾的"T"、外显的"N"；INTJ人格的主导功能、辅助功能分别是内倾的"N"、外显的"T"，它们是非常完美的互补型[1]。在现实生活中，INTP人格的人与INTJ人格的人也是如此互补，INTP人格的人是学术理论界的泰斗，比如著名数学家高斯；INTJ人格的人则是应用领域的"大牛"，比如埃隆·马斯克和马克·扎克伯格。

---

[1] Isabel Briggs etc，"MBTI® MANUAL: A Guide to the Development and Use of the Myers-Briggs Type Indicator"，1990.

INTP人群长于理论构建，擅长搭建各种解决问题的理论模型，但是，却无法像ITNJ人群那样，把理论应用到实践，去解决问题，这使得INTP人群在商业领域很难构建像INTJ人群那样的胜任力和领导力。INTP人群精密的大脑，对知识的渴求，对理论的痴迷，都和INTJ人群有着某种程度上的相似，但是，IINTJ人群在应用层面往往更胜一筹，在从理论到实践落地的过程中，INTJ人群显然更具优势。

对于INTJ人群来说，既然与INTP人群尾部一个字母之差可以带来如此巨大的差距，那么，"J"值的高低是不是对INTJ人群的整体适应性影响更大呢？

我们来看看INTJ四个字母的尾部字母"J"，"J"是和外部世界打交道的方式，是性格互动理论中的主导功能的决定因子。

同为INTJ人群，每个人的"J"值是不一样的：有些人"J"值非常高，而有些人偏向中间区域，和"P"值差不多。

"J"值越偏向中间区域，越倾向于同时有很多"P"的行为。如果"J"值非常高，则更加倾向于流程、常规、套路和方法，时间管理能力很强，可预测程度很高。但是"J""P"横跳的INTJ人群在具备上述"J"的倾向之外，还会具备"P"的倾向，比如喜欢即兴的、心血来潮的探索，喜欢新的经验和尝试，喜欢意外惊喜。"J""P"横跳的INTJ人群最显著的特征就是纠结：体现在紧张高效地工作之后，总有一段放纵的时刻，有时候放纵自己刷抖音到凌晨两三点，且美其名曰，我刷的不是抖音，是自由。同时，两个维度的不稳定会让纠结呈现放大效应，内卷至时刻有筋疲力尽之感。

所以，"J"离中间区越近，那么此类INTJ人群的柔韧性越好、适应力越强，在工作场所，他们时间管理到位，关注结果；回到家里也可以躺平，享受生活，愿意做很多尝试，包括来一场说走就走的旅游等。

如果达到高阶整合状态，能自如运用"J""P"行为，他们会从两种行为中获益，譬如谷爱凌，既能全神贯注地学习、训练，也能自由地尝试其他新东西，如篮球、游泳、时尚走秀等，各种新东西都可以随时上手。

但是，对于高"J"（倾向性太强）的INTJ人群来说，就像一个光圈被调到很小的相机状态，有限的光线不足以点亮内在的活力、创新和变革，所以时不时会显得比较固执，不愿改变。

高"J"的另一方面，是目标感非常强，结果意识也很强，凡事都要按部就班，变通性就少了很多。但是这种专注度+细分领域的精耕细作，往往能孵化出大家（大师），比如"燃灯校长"张桂梅、巾帼院士陈薇、知名企业家董明珠等。

而处在中间区域的高阶INTJ人群还有一个优势，就是对光圈（"J"）和快门（"N""T"）的运用非常娴熟，需要大曝光量时，光圈调到最大，捕捉到一个绝佳特写；需要有景深的美景时，光圈立刻调小，让自己全神贯注到对"I"的内在探索当中。如此既能专注，又能抓住机会，还敢冒险和尝试，所以往往能在多个维度取得成功，比如谷爱凌、埃隆·马斯克、任正非等。

做过MBTI®测评的INTJ人格的朋友，可以去看看自己这个值的高低，这样才能有的放矢地去拓展自己的弱项，也才能更好地发挥自己的优势。

2.6 INTJ人群的冲突人生：挑战ISTJ人群，质疑ISFJ人群

INTJ人群挑战ISTJ人群：和你在一起的一小时，我感到压抑而绝望！

2020年底，我给一家快速增长的企业做管理咨询，对方关键干系人是研发副总Z总，一个ISTJ人格的人。

我第一次和Z总沟通时，和他分别坐在长会议桌的两侧，我听他讲了一小时的变革困难：人员流失厉害，招进来的人不行，年轻人都不喜欢研发，研发效率很低，没办法改变现状，等等。

过程中，我不断尝试找解决方案，每次都被他一句话否决：这个我试过，没用！那个我尝试过，不行！总之一句话：没辙！

后来我什么也不说了，就这么听他讲。半小时后，我实在没耐心了，直接打断他，说："Z总，和您在一起的这一个半小时，我觉得非常压抑、非常绝望。"

他意外地看着我，非常惊讶。

我继续说："您刚才说离职率高，团队士气低落，员工垂头丧气、萎靡不振、工作效率极低。但是，每当我想和您讨论解决方案的时候，您的答案永远是：这个我试过，不行！那个我试过，不行！总之一句话，就是不行！"

停顿几秒，我看着他的眼睛，说："我觉得您就是团队萎靡不振的根源！"

说完以后，我静静地看着他。说来奇怪，他马上就安静了。

他至少沉默了有两分钟，最后我说："您本该是员工的榜样，但是却负能量爆棚，我和您只待了一个半小时，就感觉暗无天日、充满绝望，我不知道您的下属该怎么坚持下去。"

那次管理咨询，是Z总的行为改变的始发点。一路走来，那一天也是我的管理咨询工作中一个值得纪念的日子。

MBTI®小tips：ISTJ人格是MBTI®的16型人格里较为固执且冥顽不化的类型，伴随的优点是勤劳肯干、任劳任怨、执行力强；缺点是固执、不愿意改变。辅导的时候，要么尖锐直接、干脆利落、直达核心；要么循循善诱，鼓励肯定加表扬，最忌讳温吞吞的反馈。

INTJ人群质疑ISFJ人群：你真有那么忙吗？

下面是某日在办公室我和ISFJ人格的A某的一段对话。

A某："最近工作太多了，太忙了，没法精进，有点儿困扰。"

我："说说看，都有哪些事情？"

A某："要选材，要剪视频，还要辅导下属做微信公众号，还要给他们开会。"

我："就这？"

A某："是啊，太多了，又杂。"

我："4小时剪一段1分钟的视频，剩下的4小时，辅导、开会，你真有那么忙吗？"

A某："呃，工作量倒确实不多，但是没时间精进思考了！主要是事情有点儿多，有点儿忙！"

我："就这点儿事！居然叫忙！好吧，我告诉你什么叫忙：随便举个例子，××公司××同事，每天要写脚本，出去拍摄，回来剪辑，写文案，发视频，还要负责发货。每天弄到晚10点，这才叫忙！"

A某：……

我："以你付出的努力程度，还远未到有资格说自己忙的程度，等你连续3个月每天加班到晚上8点，你才有资格说忙。以你现在的工作量，偶尔加班10分钟，每天一到下班时间，'嗖'一下就没人影了，还不配说'忙'这个字。"

MBTI®小tips：ISFJ人群比较实际，很务实。他们喜欢自由自在的生活，厌恶常规和教条，喜欢按照自己的步骤来做事，因此他们的适应能力和灵活度都很高。但是ISFJ人群有时会夸大事情的难度，经常给自己负面暗示，导致能力被锁死。这使得ISFJ人群的职场成就往往与自己的实力不匹配。ISFJ人群一旦把自信解锁，底层架构就稳定了，整个人生将快速步入低开高走态势。

第三章

INTJ群体，人群中只有0.8%的稀有类型

在他人眼里，INTJ人群独立性很强，经常表现得果断、有把握，尽管他们很难融入社交谈话中去。在所有MBTI®16种人格类型群体中，INTJ人群的确是最独立的，他们对自己的独立性也有或多或少的知觉，并以此为荣。

3.1 具有非凡独创性的INTJ群体

INTJ人格的主导功能是"N",辅导功能是"T"。INTJ人群具有对未来的准确判断,并能强力推进事情朝向自己的预期迈进。他们善于应付复杂的挑战,并乐于把复杂的理论和抽象的事实片段整合起来。他们长于搭建框架,并在框架内调整战略达成目标。他们独具的全局思维能力不仅能帮助他们构建未来的愿景,还能帮助他们制订计划来实现这些愿景。

INTJ人群欣赏知识丰富、专业技能过硬的人,他们讨厌思维混淆、逻辑混乱和效率低下的人。

INTJ人群立足于全局,常能把新的信息放到全局的框架里进行评估和分析。他们相信自己的洞察力和整合局部的能力,对权威和主流观点从不轻信和盲从。常规和教条常常令他们倍感压抑。

他们具有深刻的洞察力,是创造性的整合者,是有远见的战略家。他们常常用一双挑剔的眼光来看事情,能够快速找到问题的根源并处理。当情势所迫的时候,他们也能表现得很强势。他们的沟通风格清晰简洁而直达核心，理性客观而无偏见。

INTJ人群善于长远规划，由此经常被提拔到领导岗位。

在他人眼里，INTJ人群独立性很强，经常表现得果断、有把握，尽管他们很难融入社交谈话中去。在所有MBTI® 16种人格类型群体中，INTJ人群的确是最独立的，他们对自己的独立性也有或多或少的知觉，并以此为荣[①]。

在其他人看来，INTJ人群有时冥顽不化，其实INTJ人群在事实充分的情况下是很乐于改变的。

对其他人来说，INTJ人群有时表现得有些不爱交流、孤僻，冷漠而不容易被了解。

INTJ人群常常显得很不耐烦，这是因为他们总是能够先于他人看到事情的结果，他们不明白为什么周围人对显而易见的事实视而不见。

INTJ人群关注的是胜任、成就、创造力和独立性。他们在科研及法律领域常有很高的建树。无论从事的是哪个行业，INTJ人群都能够成为该领域的创新者。在商业领域中，他们天生就是组织及流程再造者，他们的直觉总能使他们洞穿世俗的约束，毫无障碍地看到未来的各种可能性。对他们来说，任何事物都有完善和更上一层楼的空间。但是INTJ人群却不能反复而有耐性地究根于某件事，他们不断地需要新的挑战来激发内在的热情和力量。

对科技感兴趣的INTJ人群，往往能够成为科学家、创新

---

① Isabel Briggs Myers, Peter B. Myers, "GIFTS DIFFERING: Understanding Personality Type", 1995.

家,或者设计工程师,他们通常数学很好,尤其在解决问题方面很有建树,但是他们并不像INTP人群在数学方面表现得那么有技巧,他们有很高的天赋,能把事情理出头绪,并很快解决问题[1]。这一点上,INTP人群显然要逊色于INTJ人群。但是INTJ人群只对复杂的具有挑战性的问题感兴趣,常规的问题很快会令他们厌倦,并扼杀他们的创新精神。

对于INTJ人群来说,即使他们性格日趋成熟,能够达到很好的平衡,但他们依然会忽视其他人的感受,并倾向于置其他人的观点于不顾。尽管INTJ人群善于质疑,他们喜欢批评和挑剔,但是INTJ人群却极难容忍把这种质疑精神带进个人私密关系中。INTJ人群可以在任何无关个人关系的问题中进行质疑、评价和批评,却不接受在个人关系中掺杂这种质疑的因子。

一个典型的INTJ人格的人在某些人眼中是多变且具有多重人格的,性格青涩时期的INTJ人群在某些时段会表现得较为保守矜持、顽固而叛逆,甚至优柔寡断;但在另一个时期,他们却可能表现得果断而充满能量,活力无穷,自动自发,周身洋溢着智慧和非凡的独创性;然而周期性地,他们却又可能变得情绪反复无常,傲慢而自负。于是,INTJ人群在人们眼中较为神秘,受众对INTJ人群的多变也常感到疑惑。

---

[1] Isabel Briggs Myers, Peter B. Myers, "GIFTS DIFFERING: Understanding Personality Type", 1995.

3.2 一眼万年：相信你的直觉，不要博运气

直觉是INTJ人群的魂，是INTJ人群强大的第一法宝。什么是直觉？直觉是大脑接收庞大信息后，通过潜意识运算后反馈出来的结果。它是内在能量和现实直接碰撞后的结果，是超越思想的灵感，是认知过程+情感活动的整合，所以直觉能触达现实、连接潜意识，拿到第一手信息。

INTJ人群的直觉好似一根正在生长的粗壮藤蔓，它整合了自身的潜意识、生活经验、思考、灵感和顿悟，然后向着某一个方向自然生长，这个方向就是整合后构建起来的预感和预判。所以，当INTJ人群的思考和直觉有剧烈冲突时，停下来，听听直觉怎么说。

比如我某次面试一位女性，她来应聘商务顾问，30多岁，伶牙俐齿，满满的金牌销售员的范儿。奇怪的是，当脑补她入职后的画面时，总是出现一幅不太好的拼图：她把公司的客户拐跑了。后来

我拼命说服自己,不要把人想得太坏了,哪有那么多坏人。

于是,我把她招了进来。

5个月后,她离职了。离职后1个月,我发现她把和她关系最好的那个同事的客户拐跑了。确切地说,这个人就是来顺客户的。

INTJ人群有着惊人的预测能力,那种一眼万年的能力,令其他类型的人群都很惶惑,不知道INTJ人群是从哪里修行得来的。但是INTJ人群爱博运气,就算一万个人说这个人有问题,INTJ人群仍然相信自己不会那么倒霉,也许,更多的自信来源于相信自己能Hold住这个人。

我这么多年招聘员工的经验是:如果你对一个人有疑虑,就不要用这个人了。因为,一个诚信的人,整体而言,他的肢体语言和他的言行是一致的,对于直觉强大的INTJ人群而言,不会产生不好的感觉。如果一个人令你产生不好的感觉,那么,这个人在某方面可能真有问题。

不要相信那个自我说服的声音,那是INTJ人群所分裂出来的子人格,是INTJ人群不太自信的部分,所以不要相信那个声音,要相信原始直觉。

这条定律适用一切关系,如男朋友甜言蜜语下的虚伪、求职者夸夸其谈下的心虚,只要你感受到,有高达90%的概率是真的,不要质疑你的直觉,这是你身上最有灵性的部分。

直觉是在意识思维的深层次形成的,是我们解读身体语言的结果,其更加稳妥,不会造假。INTJ人群的直觉不仅关注此刻正在发生的事情,还把过往种种迹象全部汇聚,形成大数据后进行数据提纯，最后给出结论。

某次出国游的轮渡上，大家争相传阅一个男同事的手机，手机壁纸是这个男同事的放大照，在同事们惊呼"好帅"的声音中，我却看到了"好自恋"！视角独特，但是精准深刻。

一个典型的INTJ人格的人看见某事的发生，就能预知其他事情会紧跟着发生，但是他可能并不知道自己的直觉是怎样产生的。

某日我面试一个女孩，看测评是INTJ人格的人，就有点儿小期待。开始一切都好，都要谈到怎么入职了，这时，可能是有了安全感，这女孩有点儿放纵。当时听她的职业规划是先做会计，只要学会了怎么做，立刻转去做更高端的审计，我于是问："那你是把我们这里当跳板吗？"

她下意识地说："算是吧！"我吃了一惊，心想这自私自利到连掩饰都不需要了吗？或许发现了我的讶异，她马上解释："我不可能在你这里待一辈子，你也不可能让我待一辈子，我总要再往上发展不是？"

她这句话一出，我始终感觉不舒服，但又说不上哪里有问题，最后还是相信直觉，放弃了她。

那天我就这事发了一个朋友圈，朋友圈里立刻炸了。

朋友张某：我怎么觉得你错过了一个诚实的员工。

我：不，我错过的不是诚实的员工，而是一个"天坑"。

朋友王某：其实她讲的都是事实，只是你不能接受。你需要的是没有野心或者工于心计、善于掩饰的员工。

我：不，这不是野心或上进心，而是蠢。

我想争议的根源在于，基于不同立场，其他人只看见她当下的行为，而我看见的是她未来的行为。譬如，我直觉她会在上班时间请假去面试，而且理直气壮、毫不遮掩；我直觉她会把客户深深得罪而不自知。

我的直觉告诉我，她不知道什么叫尊重，不知道什么叫双赢，不知道什么叫得体，甚至，她可能都不知道自己的行为叫嚣张。

INTJ人群能凭借寥寥数语，通过整合、联结和想象预测未来，这种洞察未来的建构力，是INTJ人群的天赋之一。所以，相信你的直觉，不要博运气，牢记这一点，INTJ人群至少可以避免90%的坑，从而走出更加顺畅的人生。

3.3　INTJ群体的可塑性：被强者向上塑造，不被弱者向下兼容

　　INTJ人群往往给人一种错觉，觉得他们坚硬、倔强，不容易改变，很难被塑造。MBTI®领域知名著作*GIFTS DIFFERING*: *Understanding Personality Type*（《天资差异：理解人格类型》，以下简称《天资差异》）描述INTJ人群时，也提到了他们的倔强、固执："冥顽不化到了固执的程度[①]。"INTJ人群一身毛病中，造成最大人际沟通障碍的，是INTJ人群的低可塑性，即很难被改变、极难被说服。

　　有意思的是，在描述INTJ人群的诸多文献中，INTJ人群却有着截然相反的另一面：一直在蜕变，不断在改变，永远在创新。事实上，INTJ人群是对变化适应性最强的人群。

　　一方面，他们固执、冥顽不化；另一方面，他们却是变革

---

① Isabel Briggs Myers, Peter B. Myers, "GIFTS DIFFERING: Understanding Personality Type", 1995.

的先驱，创新的引领者。为什么INTJ人群的自身人格冲突这么尖锐？

INTJ人群的可塑性源自中间的两个字母，即"N""T"和对立面的"S""F"之间的态势，"N""S"值越接近，或"T""F"值越接近，则可塑性越强，若"N""S"和"T""F"同时横跳，则心态开放，可塑性非常高，很容易被说服，极容易改变立场。但是，当处于"N"值远高于"S"值，"T"值远高于"F"值的高值状态时，INTJ人群的可塑性最差，此时他们听进去其他人意见的概率不足50%。

什么叫可塑性？可塑性就是一个人可以改变的可能性，有些人天生是什么样，几十年过去还是什么样。有些人天生是什么样，一点儿不妨碍他成为比这个样子出色百倍千倍的另一个样子，这就是可塑性。

INTJ人群的可塑性是差异化、场景化的，根据"N""T"值和情境不同，INTJ人群的可塑性可以从很低到很高。

对典型的INTJ人群而言，当棋逢对手时，INTJ人群的心门打开，各种理念、观点恣意徜徉，INTJ人群呈现一种非常包容开放的心理状态，对方的话很容易入其心、入其肺，双方达成心灵共振。当对方孤陋寡闻、学识浅薄时，INTJ人群的心门自动关闭，不听、不看、不跟随，甚至无视对方的存在，这时的INTJ人群坚硬孤傲，在对方的眼里，非常令人讨厌。

而"T""F"双值横跳或"N""S"双值横跳的INTJ人群，则乐于倾听，态度谦和，可接纳不同的意见，从表面看，可塑性不是问题。但是，在谦和的表象下，横跳的INTJ人群对浅薄无知的藐视如出一辙，别无二致。

换言之，INTJ人群在被塑造方面非常"势利"：他们能被强者向上塑造，却无法被弱者向下兼容。当对方的能量、气场、见地远在他之上时，INTJ人群不仅可以被改变，而且改变的速度惊人。当对方的能量、气场、见地和INTJ人群相等时，INTJ人群会陷入不稳定的输出状态，心门时开时合。部分被接纳，多数被排斥拒绝。当对方的能量、气场、见地明显弱于INTJ人群时，INTJ人群的可塑造性为零。

所以，INTJ人群一生中的关键性成长，都和一个"大牛"、一个厉害的导师、一个（或一群）智识远超自己的同窗密切相关。INTJ人群最终能走多远，取决于周围环境的提升因子，如果环境中的提升因子多且质量高，INTJ人群很容易走出低开高走的令人望尘莫及的陡峭曲线，如果本身就很强，就更容易高开高走、一路生花，从而成就斐然。

总体来说，INTJ人群一生都在触摸智慧上限，不会轻易弯腰将就低智人群。所以，INTJ人群扎堆的地方，低智人群很难生存。

如果这个世界上还有一些难能可贵的坚守，部分要感谢INTJ人群给这个社会带来的贡献，正是他们对无知无畏、贪婪无度的无视和鄙弃，才使得很多精神瑰宝得以延续。正因为INTJ人群对品质和智慧的坚持，才使得即使在"劣币"当道的环境中，"良币"也能生存。

然而，凡事过犹不及，过刚易折，善柔不败，为避免人格过早钙化，INTJ人群也可以适度做出调整，让人格更加柔软、饱满。

首先，以赤诚之心待人，欣赏自己不喜欢的东西。INTJ人群所排斥的，恰好是他所缺失的，比如社交活跃，意味着人际连接广博，它不是缺点，而是另一种智商；而正事之外的"废话"连篇，则意味着有人愿意和你一起浪费时间，人和人之间立体、深化的关系是靠说"废话"建立的；同样，肤浅木讷，也许意味着忠诚和感恩。INTJ人群不喜欢的，恰好是他需要弥补的。倘若能对差异化人格多一点儿喜欢和欣赏，可以大幅提升INTJ人群的兼容性，增加其人格的柔韧性。

其次，宽容和慈悲。宽容可以拓宽心理带宽，增加能量流动，带动负能量的导出和正能量的导入，使INTJ人群不被对错纠缠，跳出固执己见，成为"他人价值观的旁观者，而非点评者"。慈悲可以帮助INTJ人群增加对人性的洞察，接受对方的不同，提高INTJ人群对灰度的容忍度，改善INTJ人群的人际交往质量，进而提升INTJ人群的整体工作效能。

3.4　INTJ群体的冲突重构：成大器者不拘小节

　　INTJ人群底盘高、自重大，这赋予他们天生不怕冲突、跨越冲突、重构冲突的天赋异禀。

　　重构源自计算机语言，意图在不改变程序行为的情况下保持高速开发，增加程序的价值。其核心理念是面对事实，在不改变现状的基础上实现突破性增值。

　　冲突重构，是在不改变冲突客观事实的情况下，对冲突进行解读和重置，重塑冲突的外延和内涵，从升维、平维、降维三个维度挖掘冲突价值，意图在既定冲突框架下，提升冲突产出，锚定更高利益点，寻找整体最优解，把冲突产生的破坏性产能转化为能量，激发创新协作，促使多方共赢。

　　2022年5月，北大满哥因为狂怼奥迪抄袭他的文案而火遍全网。但是，结尾的骤然转折，才是点睛之笔：北大满哥居然免费授权奥迪使用他的原创诗词，用正确的方式挽回了自己的尊严，并保全了过错方的尊严，重构冲突，俯视对错，把对错之争变成了三方共赢；把三输预期，变成了不打不相识的珠联璧合。既保住了牵扯到该事件中的三方的尊严和体面，又给自己留下了一段佳话。小小一件事，一个人的大气和格局跃然纸上。

没有机会知道北大满哥的MBTI®人格类型，但是北大满哥的行为特征里，却有着INTJ人群的显著特征：成大事者不拘小节，不纠结对错。INTJ人群也许强势，也许会在气头上一顿乱吼、一通乱骂。但是，一个成熟的高阶INTJ人格的人，却从来不记仇，有重构冲突的能量和气场、有转身即忘的胸怀和格局，以及时刻关注目标、聚焦明天和未来的良好心理素养。

2022年公司做了一个烧脑项目，给一家快速发展的A+赛道的企业做领导力培训，访谈阶段出了一个小插曲，和对方副总（该副总为INTJ人格的人）约好的访谈时间，因为下属的疏忽，导致错过访谈时间。副总一上午的精心准备变成了乌龙一场。震怒中，副总把我们告上了董事会。

几经道歉和解释，事件终于落下帷幕。本以为事情到此为止，但其实没有。一阶课程结束，副总在群里有一段感言：

感谢、感恩！从性格和心理学的角度来阐述管理和沟通，给我耳目一新的感觉，特别科学、有效，对比过去，似乎我犯了很多错误，我现在很着急想去修正这些顽固的潜意识和习惯。

看到这段话的时候，我心里很触动，短短几行字里藏着真诚和勇气，有对我们失误的谅解，还有重构冲突的勇气，从别人的失误里反省自己，坦荡承认自己的局限，努力精进。

大气与格局不是你做了什么，而是你没做什么。比如北大满哥没有向对方索要赔偿；比如褚时健在最成功的时候入狱，牢狱之灾十余载之后，出来后没有怨恨和抱怨，而是从头开始，重构冲突，把磨难视作对人格的淬炼和锻造，靠坚忍、毅力以及不服输的劲头，把一颗橙子做成了人人敬仰的励志橙。比如上文中的副总，名牌大学毕业，一直骄傲，一直脾气火暴，但是，却有不计前嫌、反求诸己的胸怀。

重构冲突的另一个经典案例，是苹果状告微软抄袭其操作系统，一告就是十年，伤痕累累的双方，谁也不肯服输。彼时，重返苹果的史蒂夫·乔布斯，在苹果严重亏损、濒临倒闭之际，果断搁置争议，放低姿态，给比尔·盖茨打了十多个小时电话，说服盖茨把10多亿美元的侵权赔款预期，变成了1.5亿美元的"无投票权股份投资"。最后以微软注资苹果1.5亿美元，苹果同意放弃指控微软侵权而结尾，双方在1997年8月达成和解。

事件当中的史蒂夫·乔布斯和比尔·盖茨，在互为竞争对手的情况下，能超越情绪，关注彼此更高的利益，把输赢之争变成利益权衡；把竞争对手变成注资对象。这种认知升维操作，站在更高视角俯视问题，寻求长期和整体最优的全局解，需要的不仅是商业理念和经营思维，还需要更高的格局和视野，以及审时度势、尽释前嫌的气量和胸怀。

所有成事的INTJ人群都有一个特点，就是在关键事件上拎得清，能超越情感"瓶颈"、是非恩怨，站在更高层次看对错、看是非、看输赢。INTJ人群参与的每一次冲突重构，都在扩展生命张力，拓新冲突洞察视角，找到冲突能量转换公式，让破坏性的撕咬变成增值行为，提升冲突各方的利益。

3.5 INTJ群体的亲密关系：充满伤痕体验的亲密关系

INTJ人群总给人一种孤独地行走在世界上的感觉，这和他们的人际交往模式有关。INTJ人群无论自身发展到多么精密的程度，都会很容易忽视周围人的想法和感受。在人际交往中，他们习以为常地批评纠错模式，常常导致亲密关系的疏远和破裂，进而影响他们的职场人际关系和个人私生活。

INTJ人群很难和他人构建世俗意义的亲密关系，只有靠能力构建起来的彼此欣赏和精神层面的深度链接。亲密关系需要彼此依赖，但是INTJ人群无论男性还是女性都太独立了，他们不依赖他人，所以，亲密关系有很多伤痕体验。这一点，INTJ人群中女性的感受尤为明显。

青涩时期的INTJ人格的女性，在人际方面很难像NF人群那样激情四溢，也很难像SF人群那样小鸟依人，她们追求才华、能干、拔尖儿。婚恋市场的能干、拔尖儿意味着某种强势霸道，所以，INTJ人格的女性在两个极端比较受欢迎：高知群体的INTJ人群和文化程度低的农村市场的INTJ人群。高知群体的整体审美标准更高，崇尚精神性感，即好看的皮囊千篇一律，有趣的灵魂万里挑一。农村市场则讲究实惠，里里外外一把手比丰乳肥臀更有家庭地位，比如大观园的王熙凤，凭实力上位，老少皆服。

但是，INTJ人格的大城市职场女性的际遇和她们的能力职位比起来，就要逊色很多。加上社交比较僵硬，着装不够风情，会遇到很多"瓶颈"。

原因是：男性找太太，是找一个舒服的家，不是找一个上司。男性的第一问是这个人能让我舒服吗？第二问是我能否驾驭得了？第三问是她和我父母能和谐相处吗？这三个问题之后，INTJ人群基本上就出局了。除非姿色特别靓丽的，或者外表假象小鸟依人状的，如果强势写在脸上，会先吓跑大半男性。

当然，最重要的是INTJ人群的依赖性太弱，什么都靠自己，男性在这段关系中很难找到成就感，只有挫败感。

职场人际方面，INTJ人格的女性的最大壁垒是融入的壁垒。虽然她们言谈举止、样貌、收入不逊于任何人，但很难构建贴心的职场关系。就像红楼梦里的宝钗和黛玉，宝钗是大家闺秀，知书达理，人见人夸，但是，她的闺房永远只有冷冷清清一个人。黛玉总使小性子，经常生气，丁点儿大的事也闹得死去活来，但她的闺房从早到晚络绎不绝，人人都喜欢到这儿来议论一番，然后出出主意、帮帮忙，上至宝玉，下至丫鬟和老妈子，人人感受到被依靠的成就感，所以，黛玉的人际关系比宝钗热闹了几倍。

INTJ人格的男性在婚恋中遇到的"瓶颈"也许没有女性那么

明显,但是,在进入一段稳定的婚恋关系后,INTJ人格的男性对于另一半的忽略和如影相随的纠错,常常让另一半有很深的挫败感。"始终在亲密关系中找不到成就感"是作为INTJ人群的伴侣的终身遗憾。除非,对方不去理睬他的纠错,或者有能力构建一种新的欣赏模式,这个时候,INTJ人群的情感流量才会被打开,成为焕然一新的另一个人。

INTJ人格的男性在职场人际方面的最大问题是,不屑于和一群"乌合之众"为伍,他们对理解力和执行力的过度苛求使得他们很难真实地融入团队,他们的特立独行让团队颇为苦恼,而团队的低效也让他们纠结。

总结下来,INTJ人群的亲密关系中,独立是先天弱势,虽然也是INTJ人群的最强项,但是最强的背面就是最弱。基于上述,给INTJ人群3个建议:

(1)学会适度依赖他人。张口求助是走向亲密关系的第一步。

(2)把强势转化到工作场所中,在工作和生活之间画一条线。工作中有多强势,生活中就有多依赖,人生刚柔相济才圆满。

(3)提升情商,学会说话,学会聆听,学会关心理解他人。有时候,一句小小的赞美,能让一段岌岌可危的关系重焕生机;一句亲切的问候,能突破亲密关系中的伤痕体验。

亲密关系的改善,能让INTJ人群在职场中如鱼得水、在生活中安定怡然,反过来,能促使INTJ人群整体工作效能大幅度提升。

3.6 INTJ群体的专注和独立：不随风起舞，方能落地生花

INTJ人群身上有无数缺点，但瑕不掩瑜，无论遇到多少艰难险阻，他们总能在困境中峰回路转、柳暗花明。

纵使INTJ人群有些鲁莽，不太圆滑，不太善于社交，不懂人情世故，但是，INTJ人群那种不断往深里钻研、把根稳稳扎进土里的定力；那种不达目的不罢休的坚忍；还有那种任尔东西南北风，我自岿然不动的厚重气质，常能使他们逢凶化吉、遇难成祥。

这和INTJ人群出厂设置中自带的厚重定力有关，从MBTI®的角度看，高阶INTJ人群身上的这些温厚特质，带给他们历经磨难、劫后重生的命数，使得他们所做的每件事，无论出场多么不利，最终都能圆满。

某天一个密友送来一名美国高校毕业的博士，刚毕业，想进某知名实验室，让我帮忙辅导一下面试。

结果见面3分钟，就被我否了。我看他扭扭捏捏坐在椅子上那种软乎劲儿，就觉得这孩子读博士几年的钱打水漂了。

我让他做了几套测评，然后，边翻测评边心不在焉问了一堆问题，想着怎么得体地把他打发走。后来想起来他在顶会上发过论文，于是就问了一句："听说你在顶会上发过论文？"

这句话一问，不得了，对面那个软乎乎的软体突然就活了过来，一下坐正了，满脸兴奋，紧跟着就是讲述扣人心弦的故事。先从找课题开始，然后遇到"瓶颈"，泡图书馆一两个月，扎根实验室，把问题一个个厘清，熬更守夜不断跑代码，最后成功了，发表了一篇顶会论文。

真的很神奇，20分钟前我还在心里叽叽歪歪，20分钟以后，我果断决定帮他一把，帮他进入那个心心念念的实验室。那天晚上，我用了20分钟训练他推门进来、坦荡坐定、坐正，然后，又花5分钟帮这个INTJ人格的人制定了天衣无缝的面试策略。

我说："你不擅长谈话，那就直接跳过对话。坐定以后，开门见山，说你刚发表了一篇顶会论文，然后，你就闭嘴，等他们提问，问什么，就说什么，如果感觉好，就像今晚一样，滔滔不绝说下去就可以。"

那次辅导很有成效，成功帮他圆了梦。

高阶INTJ人群的专注力极高，一旦他们进入一段关系、开启一项事业后，都能够扎扎实实沉淀下来，不浮躁、不骄傲、不为外物所动。高阶INTJ人群通常忍得住清贫、耐得住寂寞，有着超凡的职场定力和清晰的目标达成路径，很少被赛道、风口等热词诱惑，能沉下心来在本行业深度积累、长远发展。

由于高阶INTJ人群专注力高,在感兴趣的领域走得深、看得透,所以他们往往是攻克行业难题、挑战技术空白的不二人选,同时也使得他们成为具有战略俯视视角的标准制定者。比如任正非,在华为很弱小的时候,他就有构筑领先地位、占领技术高地的战略思维。

INTJ人群的专注和独立,使得他们一生中不断成为自己的贵人。所到之处,每一件事都想着靠自己,不依赖任何人,却时刻遇到生命中的贵人,不想借助任何人,却时刻有人伸出援助之手。

对于INTJ人群来说,最贵的资源就在自己手上,与其到处找资源,不如把自己变强大,即越少随风起舞,越容易落地生花。

3.7 INTJ群体的精力损耗：过度咀嚼失误，小失误变成大伤痛

很难想象作为上司的INTJ人群，会是"职场弱势群体"。率直、强势、针针见血的INTJ人群，怎么可能会是"职场弱势群体"？

这要从INTJ人群和下属的互动说起。高"T"的INTJ人格是MBTI® 16型人格中最尖锐、最毒舌的人格类型。尖锐，意味着凌厉、敏锐；毒舌，意味着针针见血、一剑封喉。当"尖锐+毒舌"这两种特质附体一个人时，是一种什么样的体验呢？就是"辣椒+花椒"在锅里翻炒的感觉，满屋都是呛人的辛辣味。

由于太过辛辣，高"T"的INTJ人格的人领导的团队里，在构成团队凝聚力的3个核心要素中，安全感、归属感和成就感，三感全部缺失，团队氛围一直不好，团队的稳定性很差，团队成员的成就感也不强。处于这样的环境中，INTJ人格的上司每天提心吊胆，最担心下属离职，每天看下属脸色，成为妥妥的弱势群体。

某天领导力课程结束时的问答环节,一个学员问我:

"ENFP人格的下属能否在INTJ人格的上司手下生存下来,并且可以长期合作,是否有这种先例?"

知道他就是那个ENFP人格的人,我思考了一下,然后回答:

"在INTJ人格的人作为上司、ENFP人格的人作为下属的这种关系里,其实,INTJ人格的人是弱势群体。因为INTJ人格的人只是单纯地想让ENFP人格的人快速成长,改掉自己身上做事不着调的习性,但是INTJ人格的人并不知道他这种严苛的要求,会让ENFP人格的人受不了,从而让其产生离职的念头。所以,每当INTJ人格的人知道自己的下属因为自己的严苛而离职的时候,都很悲伤、沮丧,其实他们才是这种关系里的弱者。"

看对方不可置信的神情,我继续说:

"可以说,INTJ人格的人从来没有想过让任何一个人离开。大多数时候,他只是严格去要求每一个人,包括对待自己的父母、兄弟姊妹,也是同样严苛,并没有刻意针对某一个人。但是,他给对方的感觉,往往觉得是在针对自己,这是他的天性尖锐所致,不是他的真实意图。所以,如果你能够过滤掉INTJ人格的人的严苛,忽略它,只吸收INTJ人格的人严苛中有营养的那部分,你会改掉自己的不着调,变得更加靠谱、严谨、踏实,你会为自己的后半段人生开启新的篇章。

因为,一个ENFP人格的人,如果能变得严谨、认真、踏实,同时还保有ENFP人格的人的真诚、热心,那是一个巨大的人格突破,而且,双方都会在这段关系中疗愈。这就好比一个孩子在中国的教育体制下,吸收了数理化扎实的算力,加上西方天马行空的创造性想象力，前途不可限量。"

这段回答显然帮他解开了一个酝酿很久的纠结，看他长舒了一口气，我知道他的INTJ人格的上司暂时不用担心了，这个下属短时间内应该不会考虑辞职的事。

INTJ人群在过度追求深度和完美的过程中，往往会一往无前，不能容忍哪怕一丁点儿失误，时常为了小失误而吹毛求疵、大发雷霆，导致小失误变成大伤痛，并引发情绪海啸，让自己陷入腹背受敌，甚至"众叛亲离"的职场沮丧。比如史蒂夫·乔布斯为了追求手机外表的美感，对制造工艺到了苛刻的地步，不能容忍哪怕一丁儿点瑕疵和失误，导致他的团队鸡飞狗跳、氛围很差，最后甚至被自己亲手搭建的团队踢出局。

虽然这种极度的苛刻能锻造精品，但是在过程中却对团队的积极性造成很大毒害，导致团队裹足不前、下属不敢尝试。团队中人人自危，面对错误瑟瑟发抖，生怕一个不小心踩爆一颗雷。

内心深处，INTJ人群并不喜欢这种森严冷峻的氛围，INTJ人群希望氛围宽松，希望得到大家的喜欢。但是，越用力越偏离。每当事情发展不如意，下属不够聪明犯了错的时候，急于扭转事态的INTJ人群的纠错特质就爆发出来，抓住失误不放松，把培训会开成了批斗会，把热情洋溢的下属变得垂头丧气。

总结下来，为了避免办公室的情绪温度骤升骤降，提升团队凝聚力，INTJ人群可以尝试：

（1）控制自己的情绪，挪除过敏源（层级差距太大的人），在自己身边修一道防火墙。譬如，在自己身边构建一个核心的中高层团队，让各团队领导去面对各类员工的低级错误，自己则眼不见为净，不直接面对一线员工。

（2）心理上"皈依佛门"，对待笨一点儿的下属佛系一点儿，不用太苛责，带着感恩心和慈悲心，感恩他来帮你修炼心性、打磨耐心、雕琢慈悲心。

另外，MBTI®作为一个人格洞察工具，能帮助我们洞察INTJ人群冷漠、严苛背后的真实情感；也能拓宽我们的心理容量，让我们对散漫不着调的ENFP人群（以及其他有缺点的每个人格类型）给予更多的宽容与理解，从而让我们的人格更有柔性。哪怕只具有一点点MBTI®的常识，我们对亲密爱人，以及周围同事的宽容度都会大幅上升。所以，多学一点MBTI®吧，真的有用。

第四章

处在智商傲娇链顶端的 INTJ群体

INTJ人群中盛产全科高手，尤其是在研发领域，全科高手的密度很高。所以，高阶INTJ人群非常鄙弃那些学什么学不会，半天搞不定，老是说"我不会、我不懂"的人。

4.1 无视权威与乌合之众

INTJ人群一般是整合思路的高手，需要在洞察全局的基础上，即整体结构异常清晰明确时，他们才能有所施展。所以INTJ人群总是不断帮团队梳理逻辑线，直到每条路径都清晰后，INTJ人群才会心满意足地沉醉到任务中。

由此，INTJ人群几乎很少做无用功，他们总是能用天才的洞察力看到事态发展的结局，并一脚踢开那些成功率较低的事件，以免浪费时间。所以，多数INTJ人群只恋爱一次就结婚，且有能力维系一生。

INTJ人格的女性之所以不能成为家庭妇女，和命中带的这个"J"有很大关系，多数带"J"的女性，生命中一天也不能没有工作，她们需要被社会认同，这种认同感只有到工作中去找。这与《天资差异》中对INTJ人格的描述十分吻合："INTJ人群是最不看重家庭、财务安全、社会关系及友情的[1]。"因为多数的

---

[1] Isabel Briggs Myers, Peter B. Myers, "GIFTS DIFFERING: Understanding Personality Type", 1995.

INTJ人群在30岁以前就搞定了这些东西，搞定了的东西自然不再具有吸引力。

《天资差异》有一组统计数据，INTJ群体是女性创业人数最多的，INTJ群体是教育程度最高的，INTJ群体是看电视最少的，INTJ人群中读MBA的较多，INTJ人群总是自然地成为领导。

INTJ人群从事IT、法律、科研和技术等工作较多。我清晰地记得MBTI®认证班上的同学INTJ人群占了60%。或者也很容易解释，在认证MBTI®之前，他们一定和我一样，从事过类似科研与技术的工作。

不过，那些都是肤浅的外在，我觉得这段描述是对INTJ人群的标记，是印在他们身上的logo，也是INTJ人格的内核所在："INTJ人群会坚守自己的洞察力和判断，无视权威和乌合之众的意见[①]。"

有次辅导一个来自四大国际会计师事务所的合伙人，辅导前拿到了他的两份报告，一份是MBTI®的测评报告，另一份是SPA测评分析报告。

打开MBTI®报告，发现该合伙人是妥妥的高薪INTJ人群。再看SPA，动机显示金钱欲望是5%，非常低，但是成就动机是98%，非常高。

后来和他沟通，我发现一个有趣的现象，他对于挣钱这档子

[①] Isabel Briggs Myers, Peter B. Myers, "GIFTS DIFFERING: Understanding Personality Type", 1995.

事根本不感兴趣。以至于他作为合伙人，市场营销的意愿也很低。我有点儿纳闷儿，就问了一句："你们合伙人的收入真的高到不差钱吗？"

他的回应很INTJ："如果能把一件事做到极致，钱这个东西还需要去追求吗？它每天跟着你跑，想赶都赶不走。"

我被他的凡尔赛式的回答逗笑了，就问他："你在市场营销方面这个值这么低，打算怎么提升一下？"他把测评拿过去，横着看了一分钟，然后问了我一个直击心灵的问题："你说我如果把这个值提升了，是不是那个值（他指着专业方面）就会降下来？"

我不知道怎么回答，两手一摊，问："你想说什么？"

他往后一靠，陷在沙发里，两只手在沙发扶手上敲打了一两分钟的样子，然后坐正，说："我不想提升这个值！我知道你会说，作为合伙人，和之前的单纯搞技术不一样，需要有市场意识。但是，我如果有了市场意识，我就会用市场的方式去做市场，我就从蓝海进入红海了，就丧失了我的核心竞争力。我是搞审计出身的，从来没有出去搞过市场，但是客户就像雪片一样飞过来，因为，我的胜任力在这里！（他再次敲着'专业'两个字），只要这个做好了，我的市场力就构建成功啦，我是应该通过专业打造市场力的！每个人获取市场力的方式不一样，我觉得可以和你讨论一下这个问题！"

我很难用语言形容当时的感受，作为INTJ人群，我们随时在重新定义周围的一切，没有什么是一成不变的，我们真的很享受那种扔掉所有框架的讨论。

那天下午，我们聊了很长时间，我本来是来帮他提升市场营销意识的，后来变成了怎样帮他通过技术打造市场力，并且颇有成效。

4.2　知识殿堂的构建者

　　INTJ人格的人的知识密度和知识广度往往令很多人望尘莫及，这是INTJ人格的人能成为攻坚能手的关键。

　　2022年世界读书日时，我买了50多本书，发了两轮朋友圈。那天，朋友圈有人问我："看书的速度快是不是也是天赋的一种？"

　　当时觉得该问题很合我心意，马上秒回：

　　"这个问题问得好，看书的速度第一和内容垂直度有关，第二和积累有关，第三和思维的敏捷度有关。内容足够垂直的时候，一本书里至少一半的内容是接触过的，翻翻就OK啦。积累到足够深度，会发现大多数内容都很熟悉，一本书里最多3个到5个章节是新东西，其他都是新坛装老酒。最后一点，如果思维足够敏捷，看书的过程就会有链接和激发，好像一个发射塔，不断和底层交换信息，看一知二预测三，思维就像打开的流量池，哗啦啦的信息全部汇聚过来、流动起来，翻书的速度也会越来越快，甚至手动翻书已经跟不上思维翻书，甚至思维会跳脱，直接预测到十多页之后。自然读书的速度就越来越快了。"

INTJ人群毫无疑问是MBTI®16型人格人群当中读书最多的。某日面试一个心理系毕业的男孩，提到某个作者的某个心理模型时，他忘记了作者名字，抓耳挠腮半天，我随口就给他补充完善了。看见他很震撼的表情，我在心里耸了耸肩。

大多数INTJ人格的人活得很通透，这和INTJ人群的根源意识，或者说溯源意识分不开。譬如，我对影响力心理学很入迷，但是，通过根源探索，发现最早提出影响力心理学理念的是斯坦福大学的菲利普·津巴多。于是把他的经典著作《影响力心理学》精读了四遍，光笔记就记了好大一本。

从此以后，任何影响力类心理学著作，包括那本颇有影响力的西奥迪尼的《影响力》，我只需要大致翻一翻里面有趣的故事即可，因为理论部分多数出自菲利普·津巴多的《影响力心理学》。

INTJ人格的人在探寻一个新领域前，会去找鼻祖，找到了鼻祖，就找到了这个体系的根系，后续再怎么复杂，也走不出这个框架，因为这个世界上有理论创新能力的人不足1%，根本没有那么多新东西。

所以，我读书从来不是按照章节来读的，而是哗哗哗用半小时翻完一本书，然后，直接找到里面干货满满的章节，读完几个章节，就随手搁一边了。

所以，INTJ人群的读书，就是在构建知识殿堂。他们往往从垂直领域入手，找到该领域的核心著作，精读之后，搭建框架，然后在框架里一点一点地构建目录，再通过更多的阅读优化目录，然后从三级目录开始，往里面填真正的新东西。这种打通脉络、一气呵成的知识构建法是INTJ人群能高效搭建知识殿堂的关键所在。

所以，INTJ人群的读书，其实不是读书，而是在构建。构建者目标清晰，在每本书里面找货真价实的材料，然后通过加工打磨，精炼后形成构建知识殿堂的原材料。所以，INTJ人格的人读完一本书之后，提炼萃取的东西可能远超原文。

譬如，在我讲了13年米勒·黑曼的战略营销系列课程后，我的相关课件的深度、饱满度、本地化程度已经远超原课件，就应用层面而言，显然经我内化之后的课件更能深度阐述中国企业及外资在华企业所面临的实际状况，也更接地气，同时，在吸收了原课件的精华和接上了本土地气之后，也更加精彩。

4.3 出类拔萃的萃取力和建模力

MBTI®的16型人格人群中，每个类型人格的人群都有自己擅长的领域，都有自己出类拔萃的维度密码。

INTJ人群的出类拔萃体现在攻坚领域，在高度场景化的各类应用领域，INTJ人群都能将遇到的各类难题进行类比，通过出类拔萃的规律识别能力和问题解决能力，构筑精密复杂的攻坚路径。

上述独特的心理表征，即敏捷模型构建天赋，使INTJ人群能快速打通跨行业、跨专业壁垒，用模型和路径理解力，带动对特定行业的深度理解和深度洞察，从而快速构建行业应用能力，这是INTJ人群的攻坚力核心。

同时，这种对系统结构的敏感度，又使得INTJ人群在建模的过程中可以做到触类旁通，快速找出其他相关领域让自己出类拔萃的维度密码。于是，在INTJ人群不断构建行业应用能力的过程中，一个个攻坚难题迎刃而解，创新大门次第打开。

譬如，除了外籍导师的认证课，我从未观摩过其他老师的课堂。而我能凭自己的听课体验，把成功路径形成清晰的心理画面，并敏捷地导入实操。所以我的领导力培训课堂总是有着极强的场景应用氛围和沉甸甸的实战迁移价值，所以现场总是活力满满，每阶两天的课程从第一天上午高质量沸腾到第二天下午。

然而，对路径的优化则来自看电影体验和玩游戏体验。比如，我发现高质量的武打片，通常15分钟的武打后必定有个10分钟的谈情说爱，张弛有度。比如最好的游戏设计，不会让你一直输、输、输，必定会在历经千辛万苦、万念俱灰的当口，突然成功晋级，带来意外惊喜和满满的成就感。

于是，我把这些跨专业、跨行业的最佳体验元素识别出来，形成规律，建成模型，重塑自己的课程，让课程和工作场景深度结合，充满激情、挑战、悬念和身临其境，以至于学员浸润其中，感觉不到时间的流逝。

慢慢地，萃取和建模渐渐成为我们的培训日常。最早，是和每个客户沟通需求后，我们的需求分析报告的雏形就出来了；后来，随着需求一起出来的，是整个定制化课程的方案与模型；再后来，和客户沟通的同时，我们的模型就出来了。

随着萃取路径越来越清晰，我们渐渐把它用于各类高管训练营的高管对话，话题从战略到组织能力构建，再到创新，每次高管对话，都有很多感人的创业故事，每个故事结束的时候，我们同步萃取的模型也会分享到群里。

这个同步萃取和即时建模能力，几乎让我们"秒杀"高端定制客户，因为他们很难找到这么深度理解他们的项目的人，更诧异于我们即时建模的能力。有一次我们和一家世界500强企业合作高管论坛项目，电话沟通了20分钟，边聊边勾勒了一个课程全景模型，结果那个模型就中标了。

我们的大部分版权课，最开始都是高端定制项目，最后变成隽永的版权课。这些越走越深的高端定制项目，其实都是高端客户提出了高阶需求，然后，在探讨高阶的需求的过程中，产生了很多思想的碰撞。就像在一次高管训练营中的高管对话时一位李教授说的，把实验室搬到了工业化现场，一边做研发，一边小试、中试、大试都做了，这应该是同步萃取力和即时建模力的工业化应用吧！

总结下来，同步萃取力和即时建模力有以下几个步骤：

（1）在和对方进行对话输出的过程中，即时做数据分析和数据清洗，然后把提纯后关键信息进行储存和优先级排序。

（2）把排序后的信息和记忆中的最佳实践进行比对，然后进行权重分配，随后根据数据和直觉进行二次排序。

（3）把排序后的模型搭建起来，打磨关键词，形成输出文稿。

一个成熟的INTJ人格的人，一直都在攻坚的路上，通过在细分领域的深度沉浸，构建对行业的深度理解，并把最佳实践萃取形成可复用的模型，用作解决问题的公式。对INTJ人群来说，路径可以被识别，潜能可以被挖掘，成功可以被复制。

4.4 研发攻坚的全科高手

INTJ人群自带"学霸"基因，最凸显的优势就是学习力超强。高阶INTJ人群能在压力下进行高通量吸纳，短时间获取大量行业知识，所以很多INTJ人格的人都成长为博学多才、攻坚克难的全科高手。比如那些在研发攻坚环节脱颖而出的总工、项目负责人，以及在研发中后期，当技术识别和技术购买成为企业发展壮大的标配时，那些既懂硬件又懂软件，既懂谈判又懂腾挪的技术口的关键拍板决策者，有许多都是INTJ人格的全科高手。

INTJ人群中盛产全科高手，尤其在研发领域，全科高手的密度很高。所以，高阶INTJ人群非常鄙弃那些学什么学不会，半天搞不定，还老是说"我不会、我不懂"的人。

2017年，我给一家跨国能源企业讲变革管理课程，用了1个月准备了2天课，因为对方董事长要出席参加培训，人资部门的同事个个瑟瑟发抖，唯恐搞砸了被老板骂。

课程结束后，董事长走过来握手的时候，问我："张老师，您在这个行业沉淀了多少年？"我不敢说1个月前才接触这个行业,只淡淡笑笑,说:"有一些时间了。"董事长说:"讲的东西非常接地气,非常符合企业的实际情况,看得出来张老师对相关知识积累深厚、对行业理解很深。"

INTJ人群的座右铭之一:只要功夫深,铁杵磨成针,没有什么是搞不定的。也许听上去有点儿狂妄,但这就是INTJ人格的人的真实写照。

但是,对于ISTJ人群或ISFJ人群来说,全科高手是神话和谎言,因为从ISTJ人群或ISFJ人群的视角,所谓全科高手、跨专业的人才是稀少而罕见的。话说有一次我碰到一个想做战略辅导的老板(该老板为ISTJ人格的人),要求战略研讨会的时候,三天两个培训师、一个宏观经济老师、一个行业分析和战略设计老师。美其名曰:专业!

我笑着问:"难道作为老板你不知讲战略的都是全科高手吗?"

他也笑了,说:"我有我的执着,我此生最恨全科高手,因为根本不相信有什么全科高手,觉得全科高手都是段子手。"

所以INTJ人格的人和ISTJ人格的人的对话经常不欢而散。

再如,有一次辅导了一个ISFJ人格的女博士,她很郁闷,因为被INTJ人格的老板教训:"你这个实验,怎么这么慢,为什么不能把菌改造一下,加个标签?这样多快!"

这个女博士觉得这个东西没那么容易,按照这个方法,至少需要2年才能搞定。所以她当时就告诉老板,这个方法无助于达成当前的短期目标。老板听说她试都不想试,就很生气,两人发生了争执。

我听了以后，问她："这个方法真的不可行吗？"

女博士说："其实可行，但因为是新的方法，没那么容易，可能会浪费更多时间。"

我说："那你为什么不试一试呢？倘若你老板来做，可能真的能做出来。但是你试都没试，就把他的创意想法推到门口，关上门，还贴个标签，说他的方法不落地。当你把精力都用在去证明对方是错的，而不是接纳对方的想法时，你自己不就成了创新的最大阻碍吗？"

女博士犹豫着，说："其实老板并非这个专业的。"

我就笑了，说："INTJ人群里面有很多全科高手。敢于从专业外给出建议，并且建议可行，都是有两刷子的高手，他们往往不受专业桎梏，可能建议的价值更高哦。再说，试一下也没什么吧，有那么多时间反驳他，为什么不用实验来证明自己呢？！"

电影《当幸福来敲门》的尾部面试片段，克里斯面对主试官，说："如果你问我问题我不知道答案，我会直接告诉你我不知道，但是，我能找出答案，而且，我也一定会找出答案！"这就是INTJ人格的人的宣言，如果克里斯能测一下MBTI®，我相信他一定是一个INTJ人格的人。

第五章

处在能力鄙视链顶端的INTJ群体

INTJ人群是从理念上实现跨阶层平等的类型，他们崇尚能力，把能力作为关键通行证。只要能力OK，不管对方是放牛娃、保安，抑或出租车司机，都能赢得INTJ人群的尊重。

5.1 能力控——慕强定律的践行者

INTJ人群势利吗？非常势利，只不过他们的势利不是指向金钱或地位，而是指向能力。

INTJ人群是慕强定律的践行者，他们喜欢和强者组队团战，愿意和强者搭档干活，渴望工作的成就感，渴望高挑战且能激发灵性创意的工作。

除非情势所迫，否则，扶弱济贫，或是坐在路边给别人鼓掌，都不会成为INTJ人群的首选。

在团队中，INTJ人群时常发火，脾气暴躁，但是他们的愤怒，多数是指向对下属或同事的能力不满。

INTJ人群是从理念上实现跨阶层平等的类型，他们崇尚能力，把能力作为关键通行证。只要能力OK，不管对方是放牛娃、保安，抑或出租车司机，都能赢得INTJ人群的尊重，比如我们家的保洁阿姨，因为家务能力出色，10多年来一直被我们敬为上宾。

对INTJ人群来说，阶层从来不是门槛，财富更不是，唯有能力或为提升能力而付出的努力，是唯一被INTJ人群尊重和认可的通行证。

于是，INTJ人群在自身周围构筑了一个能力核心圈，一个基于能力算法的精准咨询平台。大多数INTJ人格的人，从25岁左右，就开始积累很多"最"字头人脉或资源。譬如谁家饺子最好吃、哪个医生的医术最高超、哪个老师讲课最棒、谁能帮我申请到最好的学校等，不一而足。

如是，INTJ人群也在自己人脉关系的核心圈外画出了一道独特的红线：能力弱者免入！如此限定了有亲密关系、良好互动的人，都是在某个领域专业精深的人，即有能力的人。只要有能力，无论是哪种能力（必须合法），都会受到INTJ人群的重视和欣赏。

随着INTJ人群不断成长，他们的能力鄙视链渐渐自成体系：无论是传媒渠道、机构信用度，还是个体靠谱程度，在INTJ人群的能力榜上，都有排名。借助这个能力鄙视链，INTJ人群构筑了一个能洞察真相的资讯平台和成熟算法，以及一个能找到细分领域靠谱人才（或是食材、供应商等）的优选体系。

比如我的手机App，同时有国内的参考消息、环球时报、观察者网以及国外的若干主流媒体和几大行业资讯平台，每次热点爆发，都能在同一时刻看到不同频道的报道，据此能快速精准地构建整个事件的来龙去脉。

所以，每次社会热点背后，你都鲜少看到针对无端传闻随风起舞的INTJ人群；相反，你看到的是把谣言和传闻真相大白于天下的INTJ人群。

INTJ人群的慕强特质同时体现在他们对待外界评价的态度上：INTJ人群是否接受批评，和对方在自己认定的能力核心圈的位置有关，越靠近核心圈，批评对INTJ人群越有分量；反之亦然。非核心圈的批评对INTJ人群来说，几乎无价值。

谷爱凌夺冠后的记者会上，有记者对谷爱凌说："你知道在社交媒体上很多美国人批评你……"

未及对方说完，谷爱凌抢过话头，说：

"我知道，我并不指望人人喜欢我，我不过是一个18岁的女孩，我只是尽量给社会带来积极改变。至于有些人不喜欢我，那是他们的损失，我没兴趣在这群没有受过足够教育的人身上浪费时间，毕竟他们可能永远成不了冠军，更无法体会我的快乐。"

INTJ人群喜欢能力强的下属，那种喜欢，是欣赏+呵护；对待能力弱的，就有点儿不耐烦了，经常把鄙夷和不屑写在脸上。就算不吼也不骂，那种眉宇间的嫌弃和语气词里的不屑也是藏不住的。

就像谷爱凌，她对那些没受过什么教育的愤青的鄙夷就藏在她的肢体语言中：你们不喜欢我，你以为我在乎你们的喜欢吗？No，我根本就不关心你们怎么想。

也许你的上司就是一个INTJ人格的人，而要赢得一个INTJ人格的上司的信任和欣赏，有几个小技巧：

（1）当你把事情搞砸了被他骂的时候，记住，不要顶嘴，不要解释，千万不要像个受害者一样"因为，所以……"解释个没完。INTJ人群最讨厌事情搞砸以后的解释，对INTJ人群来说，错了就是错了，所有的解释都是辩解。最完美的做法是——

承接住他愤怒的目光，不逃避、不躲闪，然后说："老大，我错了，马上改。"

（2）永远不要说："我也没办法！"在INTJ人群的能力词典中，这句话等同于说："我是个笨蛋！"你可以说："这个事情有点儿难，让我想想怎么搞定它。"然后，你至少给出一个解决方案，也许方案很烂，但是，没关系，这不重要，因为几分钟后他很可能就会帮你弄一套完美方案出来。

（3）报告坏消息时，千万不要像筛糠一样发抖，你越是瑟瑟发抖，他心里越是鄙弃你；相反，你若淡定自若，他也就和风细雨了。

做到上述三点，你离走进他认定的能力核心圈也就不远了。

5.2 敏锐的INTJ群体：INTJ群体的深度洞察力

一个成熟而平衡的INTJ人格的人，会基于自身的行为倾向不断自我进化，并构建三大核心能力：深度洞察力、精准反馈力、攻坚能力。

INTJ人群的攻坚能力有目共睹：埃隆·马斯克、任正非、中国航空航天的总工们，应该都是这个类型。INTJ人群的攻坚能力将在第十三章重点阐述，精准反馈力在本章下一节即第5.3节分享，本节重点阐述INTJ人群的深度洞察力。

INTJ人群的深度洞察力是精准反馈力和攻坚力的底层架构，也是INTJ人群身上最独特、最有灵性的部分。可以说，"I"的灵气全靠这个洞察力托举，没了这个洞察力，INTJ人群也就失去了在职场"横行霸道"、怼天怼地的底气了。

那么，INTJ人群的洞察力是怎样一点一滴构建起来的呢？其实，所有的洞察力，都离不开一个关键词：痛点切片。

什么叫痛点切片？比如你生病了，医生想知道你身上哪个部位发生了病变，就切一块下来拿到显微镜下分析，被切下来的这一块，就叫作痛点切片。

洞察力就是管中窥豹的能力，想要见微知著，必须找到关键的那个"微"，比如痛点、赢点、矛盾点、冲突点等，然后，你才能构建全局，推断整个病变。

举个例子：

2022年前的一个悬而未决的管理咨询项目，要在2022年1月中旬敲定。

1月15日下午两点，F总带着他的两位高管出现在他的办公室。F总是典型的INTJ人格的人，目光凌厉，性格冷漠，不好接近，虽然去了三次他的办公室，但我们之间的接触频率仍然很低。

破冰需要觉察，当F总聊到最近流失的几个重要的项目经理时，他的话匣子打开了，滔滔不绝。意识到这是他的痛点后，我立刻着手"取切片"，追问离职经理的性格类型，破冰就从这里开启了。

然后，离职、背叛成了我们此次商务谈判下半场的高频词汇。

最后，这场商务谈判变成了：我给三位老总每人做了一套性格测评。

因为切片精准，剥离出大量碎片化即时场景，全景图很快被拼凑出来。

末了，我拿着F总的测评结果，看着他眼睛，说：

"你这一生会经历很多背叛，你一直以为是别人背叛你，其实，你不知道的是，在别人背叛你之前，他们已经感觉被你背叛和抛弃了。"

F总大为惊诧。

这是洞察的高阶场景，根据数据即时建模，即时溯源。

停顿一下，我继续说：

"所以，他们背叛的推手是你自己，不是别人。因为，你的"I""S"加一起才6个，你对人的关注和关心都太低了。"

三言两语，直抵核心。

F总的眼睛一眨不眨地听完，沉思一会儿，对我说，准确度100%。离开时，F总环视一圈办公室，说："这个项目交给你们了！"

每一个INTJ人格的人，当他们抗过同类INTJ人群的刁难、挑战、质疑，看见对方从长长的会议桌的那一侧走过来，把信任交到自己手上时，内心都忍不住热泪长流。

INTJ人群的出厂设置中，都有深度洞察力这一项。但是，深度洞察力的娴熟使用，却有赖于底层架构的完善，包括知识积累的深度、资讯健全度和抓取关键点的敏捷度。INTJ人群的深度洞察力，不仅建立在大量历史数据的基础之上，还建立在对未来趋势准确判断的基础之上。

5.3 尖锐的INTJ群体：INTJ群体的精准反馈力

INTJ人群的职场三大核心竞争力（深度洞察力、精准反馈力、攻坚能力）中，精准反馈力是INTJ人群一针见血识别根因、快刀斩乱麻推进事情的底层动力；也是INTJ人群能三言两语解决问题、又快又好拿到结果的关键。

INTJ人群的精准反馈力包含两个要素：尖锐和敏捷。尖锐使INTJ人群能又快又准地直抵问题核心；敏捷使INTJ人群的反馈具有极高的时效性和震慑力，二者相辅相成，缺一不可。

先讲一个小故事。在写作本节内容的20天前，一个学员紧急打电话给我，觉得干得不愉快了，想辞职。

电话聊了一个钟头，原来是他把一个重要的项目搞砸了，被领导批评了、被偏见了、被不信任了。

凡此种种，给自己找借口，强调搞砸是外部环境的问题、资源的问题、别人的问题，就是不认为是自己的问题。

我安静地听完故事，然后给了一个非常真实的反馈：

"从头至尾我都听见你在找借口，没有反思自己做错了什么。你是问题的主体，却把责任推给别人，不断粉饰自己，合理化自己的错误。换作我是你领导，现在应该正是焦头烂额的时刻，哪里有时间来偏见你、不信任你。再说，结果已经摆在那里了，不行就是不行，搞砸了就是搞砸了，凭什么对领导提出那么高的要求，你搞砸了他骂你、吼你、不信任你，不是正常的吗？还要他反过来安慰你？你想多了吧，他是人又不是神！"

我说得非常尖锐，且直截了当。电话那边是短暂的沉默。

我知道他需要的是安慰，不是尖锐的反馈。但是，他所在的职位，并不允许他磨磨叽叽地成长。作为他的导师，我的安慰只会加速他的逃离而不是担责。

这段扎心的尖锐反馈像当头棒喝，让他一下就放弃了逃跑的执念。

结尾时，我说："你们公司文化有极强的包容性，搞砸不是什么稀奇事。如果搞砸以后能站出来担责，处理好后续事情，就抓住了一个千载难逢的破框时机，你的人品、格局、视野和解决问题的能力都会经此一役跨上一个新的台阶，你反而成为一个可堪重用的将才，说穿了，最终决定别人怎么评价你的是你自己的行为，对待错误的态度比错误本身更加重要。"

半年后，我收到他的微信，他已经升任新岗位了。果然，他没离职，而是主动认错，拼命改正。3个月后，随着项目顺利交付，那段错误变成一段历练。他成了可堪重用的人，当新的更高职位缺人时，就被提拔上去了。

这事之后他对我说:"谢谢您,Grace。"

好的反馈并不都是温和的,INTJ人群所独有的一针见血的尖锐反馈所产生的惊奇效应往往能帮当事人快速清空成见,敏捷地实现行为转变。

某次内部会议,一个下属因为诚信问题被批评,会议上大家都针对他的二度失信给出真诚建议,他的经理却站出来和稀泥:"有时候太在乎能不能做成单了,难免会发生这样的失误!希望以后……"

我即刻掐掉他的后续,给了一个尖锐的精准反馈:"你在避重就轻,混淆概念,给下属找借口!这不是什么失误,这是当面撒谎,是诚信问题,你在当烂好人!"

有些错误不能过夜,一旦过夜,就变成了理念上的固着,向内生根发芽后,就很难拔出。有些东西,当时不说透,可能就永远失去了说透的机会。尖锐的反馈有刺穿真相,带来极速扭转的作用。

但是反馈者需要强大的内功,能预见暴怒并在暴怒前岿然不动,坚持客观呈现,敢于正确发声,这需要笃定的态度和对局势发展的掌控力。敢于给出尖锐反馈的INTJ人群,往往对自身的诊断、驾驭和"手术能力"都有极强信心。

5.4 强势的INTJ群体：强势不是短板，而是核心竞争力

N年前我在外企时，有个二级下属，特别玻璃心，动辄一把鼻涕一把泪。明明自己做错了还不能批评、不能指责，稍微尖锐一点儿的批评，她就用那仨瓜俩枣的职场套路来制衡："你不能对我这么凶！你不能时不时给我扔一个情绪炸弹！"搞得她的经理经常全身发抖地跑到我的办公室来求方子。

但是她的经理气场太弱，无论给了多少方子，都拿不下来。

那天我经过她们工位，正巧两人又拧巴上了。她的经理把她做的方案摔在桌上，说："看看你做的垃圾！这是投标书，不是产品说明书！"

那位"胎神[①]"嗓门忒大地吼："我怎么知道你要什么样的投标书，你自己没说清楚，还怪我！"

[①] 四川方言，意思是言行怪异之人。

她说着就哽咽起来，一张张纸巾地拽出来，好像有天大委屈的样子。

她的经理气得差点儿没一口老痰吐出来。我站在边上，冷眼看着这幕闹剧。

等她抽泣得差不多了，我走上去，先去翻了翻她做的"产品说明书"，然后问了一句："你电脑里有招标文件吗？打开我看看。"

她打开了。我快速浏览了一遍，然后指着招标书的条款，逐一问："这条这样写的，你没看到吗？""这条是这个要求，你没读吗？"她一句句回应，声音越来越小。最后没声音了。

我抱着手臂，看着她，说："明明自己把事情做得那么差劲，反倒给别人提要求，不能打，不能骂，还不能有情绪？！"

她的脑袋埋得越来越低，我的音量越来越高，非常不客气地说："你不要指望通过改变别人，来解决你自己的问题。你一而再、再而三地提交垃圾结果，却指望别人理解你、包容你？！谁给了你如此骄横的底气？！"

她的眼泪又快出来了，我命令她："抬起头来，把你的眼泪收回去！"神奇地，她的眼泪瞬间就没了。

我说："从今天起，收起你的眼泪，给自己争口气，把事情做漂亮！"

从此以后，这个"胎神"再也没在办公室哭过。

史密斯在他的著作《强势》里，提到强势法则一：坚持你要做的，不必解释。这句话，可以说是INTJ人格的人的座右铭。

之前，每当有下属离职，我都会做深度检讨，因为每个员工离职时，他们都告诉我很多我的缺点，比如要求高，要求严；不仅要进度，还要质量。

后来L和我说："你没问题，有问题的是他们。你不必屈从认知比你低的人！无须为别人的肤浅买单。"末了，L在群里留言一条："坚持你认为对的，不必解释。"

固然，别人有权对我们说他们的喜好和建议，但是，我们的行为只对自己负责，而不对他们负责，所以，我们不必向他人解释，无须让他们来评价我们的行为对错。

很多时候，对INTJ人群来说，你最大的问题其实是，不，你没有问题！强势是INTJ人群的基因，是INTJ人群应对"混淆是非、扰乱真相、颠覆价值观"的有力武器，它是INTJ人群的核心竞争力，而不是INTJ人群的问题。

强势在中文语境中，总是被当成贬义词，让人觉得强势是一种罪过。其实，健康的人格构成中，强势是基础成分，强势帮我们争取正当权益，赢得他人的尊重；强势帮我们坚守立场，不被带节奏，不被剥夺话语权。

比如，杨洁篪在中美战略峰会上，面对美方的傲慢，他铿锵有力地对美国代表说："你们没有资格居高临下和我们说话！"强势捍卫了中国之大国尊严。

比如，在领导力课堂上，面对VP级（高管层级）的学员鼓吹民营企业不需要授权时，我强势地打断他，拿回话语权，坚定地告诉他："授权乃大势所趋，没有授权，就没有企业的发展和壮大！"

对待强势的进攻者，强势是拆招；对待把头埋进沙子里的回避型人格，强势是破局关键。强势是推进任何一件棘手事情的最好用的工具，没有之一。对INTJ人群来说，强势不是缺点，而是核心竞争力。

第六章

INTJ人群冷漠背后的利他动机

貌似冷漠的INTJ人群，其实是在营造一个每个人都对自己所做事情负责任的勇于承担的环境，所以在有INTJ人群的组织里，很少有懒人，原因很简单，对于那些自己不努力，一味期望得到其他人帮助的人，INTJ人群即使袖着双手，也懒得拉上一把。

6.1 冷漠背后的深层心理动机

INTJ人群看上去总是很冷漠，刀子嘴、豆腐心，时常做了一堆好事，却从不被理解，这是INTJ人群一生的痛。

2022年下半年的几件事，让我有机会重新思考INTJ人群的另一面，即他们性格中的利他基因。

晃眼一看，所有的INTJ人格的人都很自我，首先打点好了自己的事情，有多余的精力才去利他。

但正是"NT"这个无与伦比的优良基因，使得他们总是有机会营造成长性的环境和氛围，助力他身边的每一个人去发展"钓鱼"的能力，而不是助长张口吃鱼的惰性。他们表面上不乐于利他，或者藐视乌合之众的利他，实则这些行为本身具有深刻的利他性。

INTJ人群处在最高层次的利他层，因为山高人稀，时刻都有一览众山小的孤独感：他们从不纵容任何一个二百五，无论是修空调的、修马桶的，还是修人体生病的器官的。

只要这些人中的任何一个人胆敢敷衍INTJ人群，INTJ人群一定会用最冰凉冷漠的、能让对方感觉到血脉偾张的语言和眼神令他觉悟自己就是一个行业内的"垃圾"和"败类"。这也源于INTJ人群的深刻洞见，有些人当了一辈子的医生，不知道医坏了多少人，可是从来没人敢告诉他真相，因为大多数人根本连面对冲突的胆气都没有，更别提制造冲突的勇气和胆量了。

譬如，有一次站在一个医生的诊断室内，我用短短一小时观察到的数据质疑她："为什么这一小时进来的每一个患者，无论长幼，无论什么病因，都需要做癌症筛查？为什么一口气给我开了3种不同的消炎药？还每种都4盒？我需要吃几个月的药吗？"

那个医生看上去至少也有40岁了，被我问得支支吾吾，面对越来越多质疑的目光，她不耐烦地说："你不想吃药，我给你删掉吧！"

INTJ人群相信有深度的但却不被人理解的利他动作，倘若契机吻合的话，会改变一个人。事实上，他们的确会让每一个和他们有过交集的人获益：有些人学会了"钓鱼"，有些人改变了自己的劣根性，有些人"上岸"了，不一而足。

这就是INTJ人群看似冷漠背后的利他性。

当然，INTJ人群的利他性还体现在他们深刻的追错意识，这源于他们深刻的洞察真相的能力。

譬如，一个很可怜的老太婆被子女抛弃了，最后竟然露宿街头，当乌合之众都去指责那些不孝子女的时候，只有INTJ人群会带着令乌合之众不可理喻的冷漠，反过来责怪那个被抛弃的老太婆：谁让你不好好教育你的儿女，谁让你每天把你的子女当皇上、皇后一样地供着，不孝子女的始作俑者还不是你自己，你哭、你可怜，还不是你自己一手造成的！

貌似冷漠的INTJ人群，其实是在营造一个每个人都对自己所做事情负责任的勇于承担的环境，所以在有INTJ人群的组织里，很少有懒人，原因很简单，对于那些自己不努力，一味期望得到其他人帮助的人，INTJ人群即使袖着双手，也懒得拉上一把。

这就是INTJ人群的利他性，INTJ人群只占了世界总人口的0.8%，而有幸成为当中的一员，他们深感荣幸。

6.2　不帮，就是最大的帮助

作为典型的INTJ人群，聪明睿智、独立担当、坚毅勇敢是他们自我形象的三大要素。

INTJ人群往往是最优秀的学生群体——在所有类型人群当中。而在工作当中，他们要求严格，近乎苛刻（包括对自己）。INTJ人群这种强悍的工作作风常会在他们和同事之间筑起一道无形的心理障碍，使得别人无法接近他们。

但是，这种忽略他人感受，全神贯注聚焦目标的特质，也是INTJ人群的关键成功要素。

譬如对于协作度太高的人来说，弄清楚哪些事情是自己可参与的、该加入的，其实很不容易，因为界限并不分明。正是在这种不断掺和、卷入与自己重心无关的别人的事情的过程中，失去了专注，也失去了对目标的聚焦。

但是INTJ人群则很少受困于此，他们不在乎别人的眼光，无惧周围人的批评，他们对所有和自己目标无关的人，不论是亲朋好友，还是同窗陌路，不插手、不出主意、不评论、不判断。

第六章　INTJ人群冷漠背后的利他动机

INTJ人群看重时间带来的增量，觉得时间很宝贵，把时间浪费在负产出的事情上，是一种愚蠢。

也正因如此，INTJ人群对于不上进的队友的态度是鄙视的，对于团队中的懒惰行为和依赖行为的容忍度极低，对于INTJ人群来说，除非你付出了100%的努力，否则，指责他人不愿帮你是不厚道的。通常来说，你付出了100%，才有资格请求他人10%的帮助，你付出了120%，可以请求他人20%的帮助，以此类推，唯有当你付出200%时，才有资格请求他人100%的帮助。

倘若这个比例倒过来，人际间、部门间的冲突便在所难免。此时以受害者自居者，实则施害者是他自己，自己的行为才是他人成见的因，即使是偏见，成因也在自己。寄希望于改变他人成见的努力往往事与愿违，除非先改变自己。

简言之，在坚毅、勤奋的INTJ人群看来：以多数人的努力程度之低，根本不值得让INTJ人群去帮。

这时，不帮，就是最大的帮助。

INTJ人群的利他，需要具备一定理解能力和认知能力的人才能理解，这一点上，INTJ人群经常"吃亏"，因为表面上，INTJ人群的利他性总是被解读成冷漠、无情、严苛。

但是在"NTJ"主导的人群中，却能正面解读严苛、突破对严苛的偏见，能用严苛反向鞭策自己，达成敏捷突破。

有一天，我结束一家中国头部药企长达8个月的人才发展项目，其中一个研发小组，有一半是INTJ人格的博士，在最初的需求倾听中，他们总是不能听清我的问题，答非所问。

后来我有点儿烦躁，说："你们连老师的问题都听不清，做研发时又怎能关注客户的需求和市场的需求？"然后，每轮都让他们先重复我的问题，再回答。

但是后来，这一组给我留下非常深刻的印象，他们认同我的严苛要求，非常严谨地重复我的每一个问题，不断校准自己的倾听偏差，到一阶课程结束时，他们已经能非常精准地听清每一个问题。到了三阶课程结业典礼时，他们的需求挖掘能力和痛点探寻能力已然超越了同期同班的销售团队，展现出惊人的学习力和超常的快速提升力。

INTJ人群有一些基础特征：如果你点评他们能说到点子上，他们不但不嫉恨你，还会服你，然后会踏踏实实地改。而常模人群呢，你如果说到点子上，他们会感觉痛，然后狡辩、抵赖，甚至愤怒，接着继续重复他们老一套的做法。于是，你会发现，这群人没有进步，或者进步迟缓。

INTJ人群的每一次突围，都是一场沉着冷静的博弈。如果一团和气地任由对方不求甚解地摸鱼，最终可能是双输。正因为看到了双输的后果，INTJ人群总是不遗余力地扭转局面，直面冲突。

6.3　不随波逐流，就是最大的成全

　　INTJ人群的公益心，往往不是通过捐款或者资助贫困儿童读书来体现的，INTJ人群的公益心，深藏在他们日行一善的沟通对话和无惧关系破裂的真诚反馈中。固然，并非每一个接受过INTJ人群馈赠的人都能体会到这份善意的分量，但是，这并不妨碍INTJ人群用他们独有的方式回馈社会。

　　那天领导力提升课的课间，一个战略部的男生私下问了我一个问题："毕业3年跳槽5次，找不到归属感，有没有解药？"

　　我问他："为什么要跳槽那么多次？"

　　他回答："到了公司两个月才发现，公司对战略不重视，没什么像样的战略项目，成就感很低，也没什么归属感，跳槽几次都是这样。"

　　我说："你是研究战略的，难道自己跳槽都不做战略规划和市场调研吗？"

　　他回答："做了呀，每次网上调研好像不错，一到公司，就发现根本不是那么一回事儿，你瞧，这次跳槽过来，发现战略部

就3个人，每天写写报告，干的根本就不是战略的事，你说这能怪我吗？"

我说："不怪你，那要怪用人单位吗？"

他有点儿沮丧："那我有什么办法呢？"

我说："一个做战略的人3年跳槽5次，看起来，你对自己的战略定位很迷茫，行业调研和企业调研能力也很弱。同时对企业的潜力和发展态势缺乏基本的洞察，也缺乏基本的耐心，比如今天你待的这家公司，我明显感到他们眼下迫切需要战略人才，但是你的心态过于浮躁了，以至于连沉下心来等待一个机会的耐心都没有。"

这句话对他有点儿小冲击，他陷入了思考。

我继续说："所以，说来说去，解药就是，先构建你自身的全局思考和长远思考的能力，以及基本的战略定力。眼下的当务之急，就是在一个公司好好待上几年，先搞清楚什么是战略，然后再去做战略工作，可能更靠谱。"

初阶INTJ人格的人，一旦陷入自我认知怪圈，就会在怪圈里转悠很多年，以至于浪费了自己宝贵的青春。大多数时候，当他们向周围求助的时候，会得到很多廉价的共情和唯恐天下不乱的怂恿。怂恿他们追随自己的内心，工作不舒心就换。但是，他们最需要的，不是频繁地换工作，而是沉下心来，踏踏实实做事。一味顺从他们的意志，只会让他们越来越偏离正轨。

不随波逐流，才是对他们最大的成全。当头一盆冷水，让他们清醒一下，知道自己的真实境遇，早日走出自我感觉良好的舒适圈，才是对他们最大的善意。

另一次是我给16位医药行业的人资负责人做人才选、用、育、留的沙龙。其间，一个慕名前来找机会的创业公司的学员问了我一个问题："3年来，公司流动率一直很高，疫情发生以来，部门多数同事都跳槽走了，只剩下我和另一个同事在坚守，我内心在挣扎，到底是走还是留？"

我问了一下公司基本面，没什么大问题，唯一的问题是老板只关注业绩，不怎么关注人，人来人往也不在意，一门心思想让公司上市，打算3年内让公司上市创业板。

问清楚大背景后，我说："核心人才都是剩下来的，当别人都走了，你能留下来，你就有了极大的可能成为未来的敲钟人、未来股份和期权的持有者。而且，更为珍贵的是，你能看见一家公司如何绝地求生，在逆境中坚韧不拔地站起来，这种经历会内化成你的一部分，塑造你的人格，带来认知快速升级，所以，我建议你留下来。"

那天下午4：50沙龙结束时，我应该是帮这家公司留住了这个人。直到4年后的今天，他仍然在那家公司工作，显然，他正在成为核心人才的路上。

简言之，INTJ人群对这个社会的一大贡献是，他们敢于冒着得罪对方的风险，用一针见血的点评，甚或不受欢迎的批评，深深刺痛对方，让对方精准地意识到自己的问题所在，并迈出改进的第一步。或者用精简的语言，帮对方认清形势，准确定位，找到差距和清晰努力的方向。

第七章

处在肤浅厌恶圈的INTJ群体

> INTJ人群对肤浅的耐受度很低，但是，受制于主观评价体系的局限，INTJ人群有时也会盲目自大，错把自己的肤浅当成他人的肤浅，以至于失去了向周围人学习的机会。

7.1 高沸点、高燃点的INTJ人群

INTJ人群的"I"决定了他们的深度,"N"决定了他们的广度,"T"决定了他们的思辨度,"INTJ"的组合决定了他们一眼万年的洞察力。

所以,在MBTI®的所有人格类型中,INTJ人格是最难被忽悠的类型,也是最难取悦的类型,如果没有两把刷子,说不出什么有分量的话,给不出什么有价值的干货,INTJ人群甩脸没商量。

于是,很自然地,INTJ人群对肤浅的东西都提不起劲儿。比如和我有高频合作的英国人R,是一个典型的INFJ人格的人,每次他写的案例分析我都要换掉,因为那些案例太肤浅了,能一眼看出答案,非常的无趣、乏味。

INTJ人群之所以对社交不感兴趣的另一个原因,是因为大多数社交话题较为肤浅,鲜少能提供INTJ人群期待的深度内容。一群人聊天的时候,如果20分钟还看不见思想的流动,INTJ人群会觉得无聊;30分钟还没什么亮点,INTJ人群会觉得烦躁。

INTJ人群的领悟力越强,对深度内容的期待越高,在人群中

的烦躁指数也越高。

这也是INTJ人群沸点高、燃点高、婚姻稳定、感情忠诚的核心原因。因为INTJ人群只对有深度的人感兴趣，对肤浅的花瓶提不起劲儿。

无趣的灵魂在INTJ人群面前就像一套廉价花哨的服装，甚至无法吸引INTJ人群哪怕短暂的注意力。而人群中有趣的灵魂又那么少，能产生碰撞的机会就更少了。这也是很多人不理解，为什么有钱有才的小扎（马克·扎克伯克）找了一个真的不怎么好看的老婆的原因。

INTJ人群之间的"心有灵犀一点通"源自彼此间因为精神长相而产生的相互吸引。所谓精神长相，是写在唇边的性格、露在眼角的智慧、眉宇间呈现的气质，以及一颦一笑间呈现的修养。

麦克利兰（美国知名心理学家）的"冰山模型"，精准地阐述了蕴藏在冰山下的精神长相，包含价值观、动机、性格、气质，还有综合能力。它藏着我们读过的书、哭过的泪和流过的汗水。虽然精神长相深深埋藏在冰山之下，可视化程度不高，但是，INTJ人群就是能在一群人中间快速找到同类，瞬间建立链接。

记得很多年前认证SPA时，有个人才画像模块，需要根据几组测评数据快速勾勒人物特征，在一群说英文的外国人中，我扫视一眼，凭借三组测评数据一口气把3个人物特征栩栩如生地描述出来。那是INTJ人群的天分所在。记得当时SPA创始人Tracy，一个富有魅力和智慧的INTJ人格的人，站在讲台上，远远地，送我一个充满欣赏的"我懂你"的会心微笑。然后，课间，她伸手过来与我握手的时候，开场白是："Grace，我猜你也是一个INTJ人格的人！"

所谓心有灵犀一点通，就是你说出了我想说的话，我在你的眉宇间看到了相似的过往岁月，我们抬头对视，会心一笑。

INTJ人群之间的心有灵犀不是ENFP人群那种见面就来一个温暖的拥抱，而是，我的灵魂和你的灵魂在某个磁场发生缠绕，就像五维空间的量子缠绕。

这种心有灵犀是甫一开口，"这就是我的菜"的感觉，还有"我懂你"的惺惺相惜，以及对彼此的价值观念和真知灼见的欣赏，这种感觉跨越了性别、年龄、国家、地域和种族。MBTI®内倾类型人群中，只有INTJ人群能一秒把自己的同类识别出来，然后，远远地欣赏他、默默地支持他、静静地为他喝彩。

7.2 INTJ人群眼里的团队协作：摆烂和甩锅

为什么INTJ人群不喜欢团队合作？因为INTJ人群在团队合作中受益甚少。大多数情况下，INTJ人群对团队的贡献远远大于他的收益：创新是来自他，解决方案是来自他，文案是他写的，具体实施还是他牵头。设计需要INTJ人群给视角，营销需要INTJ人群给思路，INTJ人群会觉得自己身边全是笨蛋。

INTJ人群不喜欢团队合作的另一个原因，是随意组合的团队沦为乌合之众的概率远高于成长为高能战队的概率。加之INTJ人群对领导的角色不是很感兴趣，逃避当领导最终导致肤浅低能儿当道，这样一来团队协作就变成了摆烂和甩锅。而天性对结果的极致追求不允许INTJ人群摆烂和甩锅，于是INTJ人群往往以一己之力，承担整个团队的成果输出，这也就罢了，最郁闷的是，低能儿还要把成果据为己有，甚至到处鼓噪自己才是成果的最终输出者，导致INTJ人群异常愤怒。这种只有付出、凑合，没有灵魂滋养的团队协作，不断损耗INTJ人群的灵气，滋生INTJ人群的怨气，久而久之，INTJ人群就倦怠了，情愿自己就是一个团队。

固然也有极少数时候INTJ人群能遇上势均力敌的伙伴，比如顶尖实验室的顶尖团队、牛掰大佬带领的牛掰团队。行走在高位的INTJ人群可以和同处高位的INTJ人群快速建立链接，迅速找到归属感，并能在协作过程中构建鼎盛期的自信和威望。这是INTJ人群一生中最幸福的时刻，只是这样的时刻本身也需要付出很多努力，才能和自己的同类相聚在事业高处。

然而大多数时候，INTJ人群并没有这么好的运气，能和一群志同道合、欣赏自己能力的人达成共识并默契地共事。因为洞察力强，对事情的看法超前，导致团队其他成员跟不上，或者团队其他成员因被难题吓倒而停摆，自己不得不停下来，耐心等待他们。INTJ人群的能量大量损耗在这个过程中，这使得他们时常感到沮丧。

INTJ人群甚少为工作本身而烦恼，他们大多数的烦恼来自怎样自洽地融入团队，以及怎样和团队成员结为有机整体。INTJ人群在人群中的孤独几乎是随处可见的，他们的冷漠、独立，以及对弱者的明显不耐烦，都使得他们在工作和生活中缺少同盟者。加之太有思想，总能看到更好的解决方案、更快的捷径，以至于不愿意在次优解上浪费时间。这种游离的态度极易引发团队的抵触和反感，使得INTJ人群即使拥有非常好的创意，却经常被同伴无视。最终，他们往往被自己的"无所适从"边缘化，被自己的拘谨孤立。

那么，怎样才能减少INTJ人群的挫败感，让他们融入团队，在团队中找到自己的位置，并和同事齐心协力共同完成一个大项目呢？

对于INTJ人群来说，有着清晰分工的绩效伙伴关系让他们感受到舒适和熨帖。因为这种关系中，可以杜绝团队摆烂，不需要额外的感情投入和精力投入，大家因为共同的绩效目标而结成统一战线，可以在全身心投入工作的过程中，顺便为INTJ人群带来良性的人际关系和凝聚力。INTJ人群非常喜欢这种因工作而萌生的伙伴感，并且会因为自己出色的表现带来的追随而备受激励。

另外，认真倾听INTJ人群的建议，欣赏他们独特的见解，能把INTJ人群从游离状态拉进团队。INTJ人群很独立、很冷漠，但是却会被发自内心的欣赏和尊重所打动。如果他们的某项建议被采纳，并带来较好的结果，此时，对INTJ人群发自内心的欣赏和认可会让他们迅速放下对团队合作的偏见，转而成为团队协助的坚定拥趸。

7.3 INTJ人群的焦虑：他人即"地狱"，退出他人的热闹

INTJ人群一生中的大多数时候，都是在焦虑中度过的。很多INTJ人格的人，一辈子都在赶路，一生都在事业的路上疾驰。

因为INTJ人格的人看待事物的标准过高，所以他们总是在为达成自己的标准而跳高，又因为总是无法达到自己的标准而焦虑，所以，典型的INTJ人格的人根本就没有多少时间关注身边的乌合之众，更遑论鸡零狗碎、家长里短。

INTJ人格的人的爱情、婚姻、生育，都是在跳高的间隙完成的，每跳到一个新高度，INTJ人格的人内在的喧嚣会释放一部分。这就是INTJ人格的人最美的时刻，INTJ人格的人最美的时候都出现在他们最宁静的时刻。对于INTJ人格的人来说，宁静是一种强大的气场：无声地退出他人的热闹，不声张，不炫耀，不迎合，静静开花，默默绽放。

INTJ人格的人的焦虑永远导向目标尚未完成，永远的尚未完

成。大多数INTJ人格的人的人生托盘里放着无数大大小小的目标，他们不仅有目标矩阵、目标花园、目标停车场，甚至还有目标晾晒场。比如我的五一节假日尚未开始时，就已经构建了大大小小8个目标，其中有写笔记、录视频、辅导、读书若干、看电影若干、陪父母出游等，当老公听说我整个五一节假日都有目标时，他非常诧异和惊叹！因为他唯一的目标就是怎样打发时间。

为了避免对目标毫无贡献的时间损耗，INTJ人格的人会把人际链接和人际互动维系在最低程度，把情绪开关拧到最小挡，以减少无谓的打扰和情绪波动带来的时间开销。

时间很宝贵，每支出一笔时间，INTJ人格的人都会计算收益，所以收益率倒挂的两类"产品"——染指是非、陷入纠缠，INTJ人格的人都甚少涉足。所以INTJ人格的人不是世俗意义上的热心肠，因为热心的时间成本太过高昂。

INTJ人格的人是MBTI® 16种人格的人中，最少沾惹是非的，由于INTJ人格的人对是非之人（物）有极强的洞察力和发乎天性的是非厌恶（毋宁说是亏本预期），所以是非很难附身INTJ人群。

同样，应对纠结和纠缠，INTJ人群也练就了一身真功夫，凭借见微知著的敏锐洞察力、强大的内在检索系统和巨大的数据库支撑，INTJ人群可以轻松地在人群中识别出"杠精"，并在"杠精"靠近时自动开启飞行模式，轻松废掉"杠精"的强大狡辩功能。

"无视+蔑视"也是INTJ人群基于目标管理的一种智慧。INTJ人群胜在格局，既然看得远，就不会在鸡零狗碎上纠缠，不会和"杠精"开战，不陷入兜兜转转的纠结状态。比如我的导师Robin，应对"杠精"永远保持礼貌的微笑，轻松的一句"听起来很有趣"，就哗啦啦甩掉了一堆堆的杠，掐掉了一箩筐的注水辩论，不着痕迹地切回主题，使课堂变得高效而智慧。

当然，更重要的是，由于INTJ人群的情绪开关一直处于低位运行的维生状态，所以很难被催眠进入双方自嗨的输赢之争。在INTJ人群的时间管理负面清单上，输赢之争位列得不偿失之最，高居情绪波动溯源榜首。

由于有了负面清单，INTJ人群的目标虽偶被打扰，但是大多数时候都运行平稳。所以，你知道INTJ人群为什么那么博学了吧，因为他们把别人闲聊、纠结的时间都用在了自我提升上。他们几乎什么都知道，因为他们一直在按照某种隐秘的路径，非常系统地构建一个连他自己都不知道什么时候能完工的知识殿堂、一个宏大的目标。

7.4 打破"应该"推论，正视自己的肤浅

INTJ人群对肤浅的耐受度很低，但是，受制于主观评价体系的局限，INTJ人群有时也会盲目自大，错把自己的肤浅当成他人的肤浅，以至于失去了向周围人学习的机会。

若干年前，我还在外企，因为英文好、业绩出色，被公司派去参加了很多培训。记得有次老师讲"倾听的五个层次"，我觉得太容易了，所以进进出出打酱油，全程不在状态。结果那一次培训结束，认证面试差点儿没通过。

后来，自己做了管理，才发现自身问题严重，比如只听自己想听的；听的时候总觉得对方啰唆，没耐心听完就打断；等等。再后来，自己亲自去讲这门课，才发现，倾听有如此多的奥妙，自己所知不过皮毛。

INTJ人群的另一个毛病，是如影随形的"应该"推论。

我在香港待了两年，每次挤地铁或搭乘自动扶梯时，都会自

觉地站在扶梯右侧,留下左边供有急事的人通过。但是回到成都,发现扶梯上满是玩着手机不让道的路人,心里就很毛躁,觉得他们自私、不为他人着想。

后来意识到这是在用自身的经历和认知去推论"应该"和"不应该",并以此作为行为标准要求他人。这又何尝不是另一种肤浅呢?

每个人的判断、决策和行为里,都藏着自己走过的路、经历过的故事,这些东西构建了我们的认知。但是我们的认知不一定和他人同步,当不同步的时候,INTJ人群会开启评价模式,不问青红皂白,直接否定对方。这种草率的推论和评价,本身就是一种肤浅。

另外,当我们执着地认为自己是对的时,停止倾听和接纳,这又是另一种更深层次的肤浅。

若干年前,我打电话解雇了一个入职仅3天尚在试用期的低阶ISTJ人格的人,那是头一次毫不犹豫地用打电话的方式终止和一个在试用期的人合作。解雇她的理由是源于一件小事,她做的东西没达到公司标准,主管和她沟通了一下午,但是她不愿意采纳主管的建议。

于是我拿起电话和她沟通,20分钟的电话下来,其中15分钟是她强势的辩解,剩下的5分钟,是我的沉默,那种想拿封口胶封住她嘴巴的沉默。

她的问题并不在于专业度低,而在于无知而不自知,处在达克效应①的愚昧之巅，出口即暴露愚蠢。

比如她的审美层次低，但是她自己不知道，觉得自己很厉害，听不进去任何人的建议。从主管到设计师，都告诉她这个封面不好看，她却说她觉得很好看。

我说你这种构图表达看上去有点儿稚嫩，和咨询公司的调性不符，她反问，怎么就幼稚啦？

语言有时候真的会引发极端情绪，和她对话让我产生暴怒，我当时只好把话筒拿开，免得"你这头猪"脱口而出。放下电话以后，我马上安排她的离职，甚至等不到第二天。

INTJ人群遇到极端轴的ISTJ人群时，会被对方把体内最刻薄、傲慢的一面激发出来。而INTJ人群没意识到的是，假以时日，INTJ人群自己也可能就是那个油盐不进、冥顽不化的"愚昧之巅"。

对同样有点儿轴的INTJ人群来说，辩解不会改变结果，倾听并承认局限才会。承认肤浅的最高境界，就是知道自己的肤浅，承认自己的局限，打开心扉，谦卑地向周围人学习，一如史蒂夫·乔布斯所言：好学若饥，谦卑若愚。

---

① 达克效应即邓宁-克鲁格效应，指的是能力欠缺的人在欠考虑的决定的基础上得出错误结论，但是无法正确认识到自身的不足，辨别错误行为，是一种认知偏差现象。这些能力欠缺者们沉浸在自我营造的虚幻的优势之中，常常高估自己的能力水平，却无法客观评价他人的能力。

第八章

集智慧、坚忍之大成的INTJ群体

"如果事与愿违,一定另有安排;所有的失去,会以另一种方式归来。"这是INTJ人群对抗挫折和沮丧的信条。

8.1 成功可以自我繁殖，你的爆发力藏在行动里

2022年中，我在给一家药企做领导力提升课程时，发现作为研发部门领导的学员们卡在了一个研发项目的降本增效上。事情很简单，业务部门觉得项目毛利低了，想请他们来搞清楚原因，提升毛利率。

他们在这个项目上已经卡了一周，推动不了。好不容易约了一个电话会议，进入会议后，发现连一个合格的主持人都没有。

腾讯会议屏幕上有5个小脑袋，但是没人能清晰阐述他们到底想做什么，关键的1号人物小组长，说话温温吞吞，半天说不到点子上。最后是我连猜带蒙，一句一句像挤牙膏一样，好不容易问清楚项目的进度状况。原来，他们找不到竞品报价的数据。

我问了三个问题：

（1）公司哪个部门可能有这些数据？

（2）这个部门掌握这些数据的核心关键人物是谁？

（3）有什么办法找到这个人拿到这些数据？

三个问题以后，难题迎刃而解。回答了我上述三个问题的，是5人中唯一的一个INTJ人格的人。

然后，我发现这5个人的冲突模式，除了这个INTJ人格的人和另一个ESTJ人格的人外，普遍竞争值都很低，意味着推动力很弱，总是被各种困难卡住，困在原地动弹不得。

这个INTJ人格的人，几乎一个人承包了整个团队的行动策略，回答问题的是他，拟定行动策略的是他，后续推动项目的还是他。

我想他之所以能在职场脱颖而出，和"N""T""J"这三个维度赋予的推动力有很强关联，他总是在别人卡壳、纠结、喊难喊累的时候，不理会他们的"不可行、难、太难"的号叫，兀自往前多走了一步而已，这小小的一步，就带来了很大的不同。

INTJ人群之所以能成为诸多场景下的强有力的推动者，和他们肯往前多迈一步，敢于打破常规，从各个维度不断尝试有很大关系。

某个周末赶工交付一个战略咨询成果，周日下午2点，我把三个核心模块的成果发给L，让她整合。当时觉得大功告成了，没多过问。

晚上7点，收到她发过来的第一稿。脑袋瞬间就大了，这么乱，"水文"这么多？我马上打回去，告诉她："这个质量离交付还太远！"

L在微信里说："我已经尽力了，看了两三遍了。有些错误我真的识别不了。"我说："先不要说自己做不到，先试着往前多走两步。想象你就是交付的最后一棒，不要依靠我，依靠你自己来兜底，交付质量要达到可以直接发给客户的程度。"

挪走了倚靠之后，L变得坚忍了。周一晚上12点40分，她终于发过来一稿特别像样的成果。我在微信里说："最后这稿不错，你可以做到的！"

INTJ人群的成长过程中，特别需要一个这样的教练，辅导他们第一次成功，然后，帮他们构建自我繁殖的成功体系。直到有一天，随便什么任务给到他们，都能完成。

走出第一步，往往是解决问题的开始，INTJ人群的爆发力藏在行动里，所有攻坚大咖的突破密码都藏在第一步里。

总结：

成功是可以自我繁殖的，和它的次数成正增长，如果你赢了一次，就会赢二次、三次[①]，更多次，N次、N的N方次，直到有一天，你发现，没有什么克服不了的困难。正所谓，强大自己是解决所有问题的根源！

以上，和年轻的INTJ人群共勉，希望你们都能长成参天大树，成为国之栋梁。

[①] 艾伯特-拉斯洛·巴拉巴西：《巴拉巴西成功定律》，贾韬、周涛、陈思雨译，天津科学技术出版社2019年版。

8.2　别让认知比你低的人告诉你你不行

电影《当幸福来敲门》中，有一个经典镜头，克里斯抓住栅栏网，对儿子说："不要让别人来告诉你，你不行！"

这句话很贴合INTJ人群的心性。INTJ人群的世界里，话语权是由INTJ人群定义的，如果无法进入INTJ人群认定的能力核心圈，那么，不要说建议权，恐怕连发言权都没有，所以，INTJ人群的世界里，没有"我不行、我不能、搞不定"这样的词语。INTJ人群的思维频道里，"找方法、怎样做"是主旋律；"太难、搞不定"是走调、是弹奏事故引发的破音，它除了引来INTJ人群怜悯的一瞥，附带"我是不是找错了人"的心理画外音，并不会带来任何建设性效果。

公司曾经请过一个咨询师给销售团队讲课，讲到若干世界500强企业中的行业头部企业时，他强调了一下："这些客户太高端，不是你们要考虑的目标客户。"

我马上打住他:"不要把'不行、不可能'这些字眼塞到销售人员的脑子中,事实上,我们大部分客户就是全球头部企业!我们也是细分市场的头部企业,头部企业并非高不可攀!"

另一个INTJ人格的总监派了5个下属参加一个免费内容运营培训,回来后,下属培训感言只有一句:"运营好贵!要花好多钱!"INTJ人格的总监很郁闷:本来想让他们去拓宽视野、打破固有思维的,结果不仅没打开思维,反而给他们的思维上了一把锁!于是他感叹:免费的东西真的好贵!

INTJ人群讨厌被任何人捆住思维、绑住手脚。他们尤其讨厌"搞不定"三个字,INTJ人群的思维词典里,"搞不定"意味着:思考太肤浅,能力太差劲。所以他们从来不说"搞不定",也不许任何人和自己的团队说:"你们不行,搞不定。"

有一天我和新媒体团队的同事开会,建议他们的续篇关联一下《第三道门》,但是第二天上午复盘的时候,发现标题续上了,但是内容没关联上。我问内容负责人:"为什么没关联?"

她说:"有同事觉得把《第三道门》放进去会破坏内容的完整性。"

我说:"你试都没试,怎么就知道不行?"

然后,让她重新写了一遍。

下午,她拿着重写后的结果来找我:"Grace,我觉得这种关联很有创意,开头对三道门的介绍,不仅没有破坏内容的完整性,反而使文章更有吸引力。"

那天下午,新媒体团队以这个小插曲为起点,共创了"内容创作小组行为准则"。我给了三个建议:

（1）审慎对待那些试都没试，就轻易说不可行的人。有些人习惯说不行，并非真的不行，只是他们懒得改，懒得付出更多的努力！

（2）不要让别人来告诉你，这件事做不成！你试都没试，怎么就知道不行？就算他不行，你去做也许就成了！就算第一次不成，也许第二次就成了；就算第二次不成，也许第三次就成了。没有做不成的事，只要思想不滑坡，办法总比困难多。

（3）不要让认知比你低的人告诉你，你不行！不要让他们把你的思维困住，把你的手脚绑住。那些经常把"做不成"三个字挂在嘴边的人，不值得走进你的生命中！

电影《当幸福来敲门》中有另一段经典台词："那些一事无成的人总是告诉你，你也成不了事。如果你有梦想，就去实现它。"简言之，不要让别人告诉你：你不行。失败的人告诉你这不行那不行，成功的人告诉你怎么做。

8.3 所有的失去，会以另一种方式归来

INTJ人群的个性当中，最有含金量的部分，是INTJ人群的坚忍，它是INTJ人群所有成就的基石，是INTJ人格中最燃、最贵、最有价值的部分。它能让INTJ人群在最艰难的时候绝地反击，实现逆袭和升华。

有段时间，我特别想不通，常常吃着饭，眼眶就红了。有一天晚餐时，吃着吃着，眼泪就流出来了，推开碗筷，很难受地和老公说："我这么努力，为什么还是做不好？"

那是新冠肺炎疫情期间，公司业务很低迷，连续数月没什么订单，一大拨跟随我的骨干纷纷辞职，有些考研去了，有些回家乡了，有些干脆回家带孩子了。

那是受伤最深的一次，感觉在最困难的时候，遭遇了满满的背弃。

我以为这种剧情是为我量身定制的，后来发现不是。

疫情最艰难的时刻过去后，公司业务快速复苏，短短三个月内，复苏至疫情前。

我密集切入了三个个体辅导项目。第一个是一名知名科学家，带着一批高潜人才在做一个非常有潜力的项目，因为脾气暴躁，很多核心骨干离职，我被拉去救火。有一次我带了一个盆栽去见这名科学家，告诉他，以后你想骂人的时候，先看着它，等10分钟再骂。

那天我们在办公室外的园区咖啡馆坐了两小时，我看到了他的无助、悲伤，还有深深的沮丧。

第二个是一个把生意做得很大的名校高才生，他知道公司没人喜欢他，因为他每天都在骂人。同样地，这过程伴随着很多的离职、背叛，以及无奈的、深深的沮丧。但是，每当他踏进公司时，依然昂首挺胸，没有任何东西能打垮他。

有一天，我们在楼下的星巴克喝了一杯咖啡，我告诉他："不要直接插手基层，不要越级指挥当'恶人'，骂人这档子事交给你的中高管团队来做，你去当'好人'，你的位置决定了你不能当'恶人'，只能当'好人'。"

第三个是一个研发老总，技术一流，但是常常把培训会和例会，甚至交付会开成审判会。同样地，这过程伴随着很多的离职、抱怨，团队氛围很差，下属没有成就感。关上门以后，深深的沮丧背后，他说："我真的希望你们能带来一些改变。"

我们聊了很多轮，有尖锐的面质，有坦诚的深入沟通，他始终不认为自己有问题。但是，半年后，随着一对一辅导结束，他的目光里却开始有了坦诚的反省，以及行为上对下属的鼓励和认可。

他们全是INTJ人格的人，冷漠、傲气、自以为是。内心很骄傲，不承认自己有问题，但是，却在踏踏实实地改变。

在他们每个人身上我看到了自己。我也急躁、冷漠、自以为是，只是程度没那么深，但是我们内心其实都是一样的，在被恶意对待时，会有深深的沮丧。

我终于找到了沮丧同类，开始在别人的错误中反省自己，在别人的顽劣中反求诸己。然后，把事情一分为二：是我的责任，承担并改变自己；不是我的责任，打包扔掉，为避免自己再次掉到坑里，审慎招聘每一个人。

INTJ人群不擅长处理复杂的人际关系，气头上很难做到心平气和，但是，他们却能不遗余力地坚守自己的热爱，并有足够的坚忍应对复杂和沮丧。

"如果事与愿违，一定另有安排；所有的失去，会以另一种方式归来。"这是INTJ人群对抗挫折和沮丧的信条。

8.4 从拙于言辞到舌战群儒

10年前，那时候我还在体制内的设计院，有一次三亚自由行回来报销时，领导觉得我们一晚480元的房费是不可能的。

其实我们总金额没超标，每人1500元的福利，见票报销，而我和另一个女生，对生活品质要求高，住的是四星级酒店而已。

那是下午开会时间，他喷着一嘴的酒气，说："你们咋可能舍得一晚上花480元在住上，我不相信！"那时的领导，素养还没现在这么高，作风建设也没现在这么扎实，中午还可以喝酒。

另一个女生很坦诚地说："我们千真万确住的是480元的，你可以打电话去问，你可以去查。"

兴许是喝高了，他叽叽歪歪说了半天，一再强调不可能，末了上升到人身攻击。当时年轻，要面子，受着他的语言霸凌，又不愿低声下气地解释，就往心里忍。

结果，INTJ人格的人的自尊，在回到办公室以后就爆发了。突然间，语言的阀门就打开了，汩汩流出，我站在办公室窗口，历数他的虚伪、愚蠢、捏造事实、管理低劣。

那整整半小时的无所畏惧和彻底翻脸的怒吼，惊动了整层楼。那一次的破框，换来了后半段人生旅途的扬眉吐气。

半年后我就出国留学了。从此，就告别木讷，彻底异化了，常常在一群外国人中，舌战群儒，语言越来越流畅，思维也越来越敏捷。

再后来，我进了世界百强企业的Top3外企，在茶水间和会议室，经常和各部门领导据理力争。有一次受够了售后服务部的推诿扯皮，会议上拍案而起，历数售后服务部的问题，句句戳中要点，有理有据，令对方张口结舌、无可辩驳。

后来给很多头部企业讲MBTI®，大家都猜我的人格类型第一个字母是"E"，没人相信那是一个"I"。

INTJ人群的"I"的进化都是在冲突中完成的，支撑"I"完成进化的，是高自尊、高独立和高成就动机，INTJ人群不能忍受霸凌，就好像今天的中国，不能容忍别人对自己的霸凌和指手画脚一样。

每个INTJ人格的人的出厂设置里，都有一个bug——"藐视权威"。如果特定的权威在能力和作风上双重不靠谱的话，那几乎就是专属用来激活INTJ人群的这个bug的。职场上的INTJ人群只服那些能力在自己之上，且作风过硬的领导。所以，碰到一个好领导，或者给INTJ人群安排一个好领导，对于INTJ人群的职业生涯是多么重要，就无须赘述了。

INTJ人格是MBTI®16型人格中敢于挑起冲突，并通过冲突获取灵感、校准差距、改善关系、完善自我的人格类型。对INTJ人群来说，每一次冲突都是生命带来的礼物。每一个促使INTJ人格的人改变的人,都是生命中的贵人。

所以,祸即是福,没有这些激烈的冲突,INTJ人群永远是缩在角落的那个独来独往、孤独清高的路人甲。直到一场冲突后,他们才变成鲜活的生命走进人群,聆听人群,洞察人性。

第九章

INTJ群体的致命短板：社交商

> INTJ人群其实在具体的社交技巧层面没障碍,如果他们想社交,有强烈的欲望改进自身的社交能力,INTJ人群几乎可以一夜间成长起来。

9.1　怎样提升INTJ群体的社交能力

　　INTJ人格是MBTI®16型人格当中最难改变自我的人格类型，其他类型人格的人普遍认为INTJ人格的人冥顽不化，不容易改变。

　　《天资差异》中是这样形容INTJ人格的人的："这种类型人群的成长或改变比其他类型人群的成长或改变更慢、更艰巨……因为他们不太容易受到环境的影响[1]。"

　　我喜欢用人格钙化这个词来形容INTJ人群的这个维度。

　　不过，INTJ人群其实在具体的社交技巧层面没障碍，如果他们想社交，有强烈的欲望改进自身的社交能力，INTJ人群几乎可以一夜间成长起来。

　　多数INTJ人格的人之所以在这方面成长缓慢，很大程度上是受困于他们的理念，INTJ人格的人不看重社交，他们认为能力是

---

[1] Isabel Briggs Myers, Peter B. Myers, "GIFTS DIFFERING: Understanding Personality Type", 1995.

第一位的，社交——哈哈，没错，是最末位的。

多数INTJ人格的人靠才华上位，靠能力赢得信任和尊重。

很多老板吐槽INTJ人群的合作意识，以及INTJ人群不知天高地厚的坏脾气，但是又必须依靠他们，这就使得INTJ人群特立独行、我行我素的行为模式得以强化，越来越难以修正。

然而，即使专注于搞技术，也需要基本的社交，需要洞察、倾听客户需求。很多INTJ人格的人所不知道的真相是：在21世纪20年代的今天，如果没有基本的人际交互、认真倾听和需求挖掘等软实力作为支撑，再好的能力软件也无法在一个软实力低配的平台上跑起来。

以我的咨询经历看，社交能力强的INTJ人格的人，研发效率是平均值的1.3倍，他们对需求把握到位，和客户沟通到位，获得的支撑和帮助也大幅度上升，很少发生返工现象，能极大地提升研发效率。

但是，很多INTJ人格的人不这么看，他们有自己的偏执。

有一次给一个INTJ人格的科学家做咨询，他的问题是团队冲突不断，彼此间的协作度很低。

那天，我用了整整两小时做咨询，但是，两小时之后，他看着我，静静地说了一句话："我知道你是对的，但是，我不想改，我不想为了所谓融洽的氛围就每天傻乎乎地见人就笑，见人就拍肩膀鼓励，这不是我的风格，我如果变成这样，他们会吓坏的！"

最后是我被逗笑了。

如上，INTJ人群对"社交"的偏见和偏执，以及随意践踏社交原则，藐视社交规则，才是INTJ人群行为提升的最大壁垒。

有鉴于此，一个真正想改进自身社交能力的INTJ人格的人，首先要带着虔诚的心态，正视社交壁垒对研发创新和职位提升带来的壁垒，然后，才能进入社交技巧层面。

对于那些想改进自身社交能力的INTJ人格的人，怎样才能提高社交商呢？

首先，要正视社交壁垒对研发创新和职位提升带来的阻碍。

其次，做到以下三条。

（1）正确纠错。不要在众人面前对上司和同级人员纠错。人前的纠错滋生怨恨，人后的纠错滋生感恩。尖锐的纠错引发抵触和伤害，温柔而坚定的纠错带来追随。

（2）融入，微笑。我的观察是能成为研发副总的，大部分都不善言辞，但是，他们的笑容很灿烂，微笑让人的社交商快速提升，每一个会微笑的INTJ人格的人最后都能在人际方面无师自通，涅槃重生。因为，我们总是先改变行为，才带来理念的改变。

（3）认真倾听并接受他人的建议，尤其是权威的建议。他人的建议不一定全对，但是，总有一部分是对的，去找到对的那部分，接纳并感谢对方，仅仅这一个改变，就能在社交方面迈出很大一步。

9.2 INTJ群体的社交酒会：但凡INTJ群体想做的，就一定能够做好

每个INTJ人格的人的出厂设置中，都藏着向难而行的勇气和向高处攀登的气魄，尽管很多INTJ人格的人毕生都没有打开这两个出厂设置。

INTJ人格是MBTI®16型人格中最独立、最有定力、能抗住所有压力的人格类型。但是根据阴阳对立原则，每个强项都伴随着潜藏的弱项，对于INTJ人群而言，定力的反面是不受环境影响、很难被改变。

INTJ人群很少被具体的困难难住，当INTJ人群被锁死的时候，多半是锁在了INTJ人群的理念上。一旦理念被突破，INTJ人群的改变可以在分秒之间达成。

2015年圣诞节前，一个研讨会结束之后，随之而来的是一个社交酒会。

我对酒会一向发怵，因为性格内向，很难在一群半生不熟的

人中间游刃有余。而且那种端着酒杯四处走动的姿态,总是让我感觉非常困窘。

那天研讨会间隙,遇到Tony,我的INTJ同类。Tony提到他自己,说自己是个社交弱智儿,内向且非常害羞,在社交聚会上他从来都不知道该怎样主动地接触别人,也不知道怎样发起谈话,他总是等着别人来接触他!

我大声说:"我也是啊!"

我也是社交弱智儿:不知道怎样才能优雅而体面地从一场自己并不喜欢的谈话中撤退,也不知道怎样才能挪步到那群自己比较感兴趣的人群中去。

很奇怪,有了MBTI®这个工具,你总是能在人群中飞快地鉴别出自己的同类,而且能在数秒钟内与之建立深深的信任和惺惺相惜。

接下来的研讨会间隙,我和Tony花了很多时间讨论社交能力改进措施。但是真的到了酒会的时候,我的第一念头仍然是溜。

或许得益于当时讲过的很多肢体语言解读的课程,站在人群中的时候,居然发现自己的洞察力有相当幅度的提升,我发现了一个小小的秘密:当时酒会人群中的"I"型人(内向的人)远远多于"E"型人(外向的人)。

那些笑得很夸张,同时身体绷得紧紧的人,毫无疑问都是对自己的社交信心不足的"I"型人!

真正的"E"型人不会笑得这么大声,刻意彰显自己的合群。

那些手臂夹得很紧的人,表面上他们在微笑,其实心里很怯场!

还有扎成堆围在一起的外国人,你看他们个个抱着臂膀,好像很谈得拢的样子,其实他们不见得很享受正在讨论的话题呢!

看懂了别人的身体语言,我开始尝试传递积极开放的身体语言,譬如聊天的时候不围成一个封闭的圆,而是随时保持一只脚朝外,身体微微向圈外倾斜,打开一个空当。

说来不难,每个人都在寻找机会加入新的聊天小组,每当我想离开的时候,我会非常友好地把圈外探头探脑的人邀请进来,你只需要问问他的姓名,然后把他介绍给你圈子的每个人就可以啦。

如果你想和其他人聊聊,这时你只需要身体微微向右转,和你身边令你好奇和有兴趣的另一组人微笑打个招呼,顺势就过去了,且自然而优雅。

我在人群中又找到了一个INTJ人格的人,玩得很尽兴,到酒会快结束的时候,我发现自己在一群人中间,用流畅的英语讲女儿和婆婆的故事。而不远的另一个角落,我看见Tony正放松而优哉游哉地在他的圈子里"指点江山"。

有一点毋庸置疑,但凡是INTJ人群想做的事,就一定能做好。

INTJ人群的人格钙化和ISTJ人群的人格钙化不一样,如果说ISTJ人群的钙化硬得像石头,那么,多数INTJ人格的人的钙化,只是柔软的试探被包在一个钙化的皮层,只要轻轻剥开那层包裹的皮层,INTJ人群几乎可以被塑造成任何你想要的模样,这也是为什么最难改变的INTJ人群同时也是最具创新力的人群的原因。

9.3 令人着急的INTJ群体的社交商：多一点儿忍耐，少几次翻脸

INTJ人群心理画外音频率最高的一句话是："你说得对，但是我不想改！"

那么，这些不想改的INTJ人群，他们是真的不想改吗？

其实不是。他们只是不知道怎样去改。

言归正传，10多年前，我在一家全球知名的电脑公司做市场总监助理，当时，公司有两个叫JIM的总监。两个总监的气质禀赋都令人心生敬意，一个是某小众品牌创始人，另一个是业内的行业技术大拿。

其实我更喜欢后一个，因为他特别厚道肯干，话不多，谁去找他，他都很愿意帮忙。但是这个人比较耿直尖锐，我们都知道领导不太喜欢他，因为他经常在开会时把领导顶得无话可说。

而前一个呢，技术不错，中上水平，但是在人际沟通和向上管理上很有天分，和领导的关系处理得得体又大方，各种帮领导

挡刀,深得领导信任,我很崇拜他。

后来我离开了那家公司,仅仅5年后,发现那个我特别喜欢的技术大拿已经成了路人甲,职场上的郁郁不得志使得他整个人的精神头委顿不少。而另一个早已是VP(高层副级人物)了,志得意满的劲头,使得他气质、颜值都有了大牌的感觉。

那个路人甲是INTJ人格的人,VP是ENFJ人格的人。

路人甲被困在了自己的理念中,这一困,几乎就是后半生。

他不赞美任何人,做得好是应该,做差了就得被批评。无论多少人告诉他这样没法收服人心,但是,他一笑置之。多少人婉言相劝:不要顶撞领导,领导也是人,也需要被认同,更需要服从,他说,我就不是这种人。

当我再次看见他时,我根本不敢相信这是那个棱角分明、气宇轩昂的技术大拿。岁月在他脸上留下更多的是沧桑,连皱纹都有沧桑感。我们一起喝了一杯咖啡,然后挥手再见,从此再无交集。

表面上看,他错过的不过是职位升迁,其实远不止,他错过的,还有自己的世界被打开的契机,就像一朵含苞待放的花朵,尚未彻底开苞,就开始委顿凋谢,非常遗憾。

如果在职场上有职位追求,那么,社交能力、人际沟通能力是软实力,是必须有的,而不是可选项。

对于INTJ人群来说,破除理念的卡顿可能需要毕生努力,但是,只要改变理念,INTJ人群的成长指日可待,只要是INTJ人格的人下定决心去做的事情,就一定可以成功(没有例外)。

然而,如果我们的理念卡死了,觉得社交能力、人际沟通能力不重要,不值得打造,若干年后,你会发现,你以为你放弃的只是一个备选项,其实,你放弃的是格局、视野,以及和这个世界深度连接的机会!

它真的不是一个可有可无的选项。

几句话,送给亲爱的INTJ人群:

(1)多一点儿忍耐,就会少几次后悔。最上火的时候,往往就是后悔高频发生的场景,刻意练习让自己在上火的时候,转身离开,避免被说出的话、做出的举动反噬。

(2)少几次翻脸,就多几个台阶。想掀桌子的时候,连喝三口水,这期间,别说任何话。冷静一下之后,告诉自己,这张桌子掀掉了,还得再买一张,不划算。

(3)少撂几句狠话,就多一些回旋余地。狠话伤人最深,痊愈需要若干年,若非必要,不要在暴怒中说话,不要在卡顿时做决策。

以上三点,汇总成一个行为模式就是,愤怒、上火、怨恨的时候,别说话,赶紧起身,离席冷静3天后,你会发现,搁置冲突有净化升华的作用,愤怒、上火、怨恨被净化后,只剩下需求未被满足的遗憾。如果再学会正确地表达自己的需求,你就有了容人的雅量。

9.4 提升你的灵性：构建INTJ群体的社交灵性矩阵

测测你的灵性指数。

有一次我和客户对接发生漏项，回到办公室溯源，顺口说了经办此事的女生一句："你说话太啰唆，又不拎重点，导致我每次都没耐心听你说完。"

换成你，你会怎么回应？

（1）皱眉辩解："老大，我明明很努力地说了好几遍，每次到你办公室前先想清楚一二三才进来的！"

（2）承认自己的局限："老大，行，我下次的表达尽量简洁、准确、直达核心，下次汇报只说一二三。"

（3）笑意盈盈："老大，您这周都说了我三次啰唆啦，我是有多认同您，才连您的缺点也当成礼物照单全收啊！"

三种回应对应了第一层次、第二层次、第三层次的灵性层次。处在第三层次的灵性指数最高，第一层次的灵性指数最低。

对照上述回应,看看你的灵性层次处在哪个层次。

那么,怎么才能让自己充满灵气呢?介绍一个灵气黄金矩阵:

> 慈悲的爱意+微笑+客观描述+惊奇的反转+有爱的结尾

对照上述灵气黄金矩阵,大家可以自己练习一下。

卡顿状态的INTJ人格的人到处惹事,不是缺智商,也不是缺情商,缺的就是那么一点点峰回路转、顾盼流兮的灵动劲儿。遇到什么事都较劲,面无表情的模样,让人退避三舍!

其实,被批评的时候,最能体现一个人的灵气。比如上述漏项故事的女生,有一次她下属发微信到工作群,说了一句老大你太啰唆了,结果灵气指数低的这个女生,直接让对方撤回消息,还私下教育了对方好大一会儿。

后来我对她说,一件小事而已,那么严肃干吗,换成我,会笑着拍拍他,然后说:"你胆子养肥了,居然敢说我啰唆?!"

这个灵气黄金矩阵的魂儿,是"微笑"。

INTJ人群得天独厚的优势在于深度洞察,这种能力赋予INTJ人群神秘的"抓七寸"的能力,但是,锋芒毕露的INTJ人格的人,往往会在人际推动时陷入困境:明明一语中的地指出了问题的核心,但是思维的超前性使得跟随者寥寥,认同者寂寂,需要协助时发现周围人退得远远的。

INTJ人群没有强大的人际感召力,却能弯道超车,凭借深度人际洞察力,辅助最轻巧可得的微笑,来构建自身的灵性,以此带动让同事领悟并跟进。

有次我在全球第三大维生素基地讲领导力课程，课间有个学员问了一个问题："Grace，我怎样才能改变老板对我的刻板印象？"

我问："什么刻板印象？"

他说："去年我们开发的系统有点儿问题，客户反馈有不少bug，内部反馈也有不少问题，导致老板对我们产生成见，觉得我们做的东西很差。"

我说："那么，你想让老板改变对你们的什么刻板印象？"

他说："就是希望老板不要觉得我们做的东西很差。"

我边忍住不笑，边假装认真地说："但是你们做的东西就是很差呀！"

全场哄堂大笑。

他也笑了："但是我们不希望老板觉得我们做的东西差，也不希望他觉得我们不太行。"

我笑，继续说："可是，客观事实就是你们做得很差，你就是再解释，也改变不了你们就是做得很差这个事实呀。"

他抓挠着脑袋，边笑边问："那怎么改变老板对我们的看法呢？"

我说："没其他办法。唯一的办法就是承认差，改进差这个客观事实，从关注圈走到影响圈来，下定决心把这个产品做好，当你的东西好了之后，老板对你们的看法自然就改变了。"

当对方提出问题时，很多时候INTJ人格的人会非常认真地对待，会安慰当事人，会帮他出谋划策，搞得很严肃、很枯燥、很教条、很正经。

但是，当事人其实心里明白，这是个无法挽回的败局，败局已定，还要拼命挽回，没有意义，也没有价值，枉费时间。

他在试图让你说服他相信连他自己都不相信的东西，把一盘残局丢给你，让你解局。对于一个已经认定的败局，无论你怎样安慰，都无济于事。如果你一本正经地回答他、安慰他，最后的结局一定是双输，他不满意你的回答，你也不满意他对你的不满意。

既然是这样，不妨连说带笑，教他弃子认输。

灵气是一种轻灵的处事态度，是真诚的探究，是灵动的转场。如果太正经，氛围就很压抑、拧巴。轻灵一笑，当事人就放下了，没什么了不起，输了再来，输也可以轻松、愉快地面对。

第十章

INTJ群体的自我提升破局之路

去找一个好的环境：有人能直击痛点地呵斥你；有人能针对你的进步表扬你、鼓励你；有人能在你偏航时不断帮你校准航线。这样，你的高阶人生就正式启航了！

10.1 怎样构建你的职场核心竞争力

怎样从低阶INTJ人格升级到高阶INTJ人格，我萃取了三点，建了一个模型。

（1）你的世界中有高阶标杆。

（2）你的工作场景中有清晰、明确的高标准输入和输出目标。

（3）你有机会得到高阶即时反馈。

第一，进阶到高阶INTJ人格需要一个基础条件，即标杆，也就是说，你的世界里，目光所及的世界中，有高阶标配的强者、大拿、大咖。他们能带来高标准、高审美、高强度，且有能力达成上述目标。换言之，你得找到一个天花板足够高的平台，但是这个天花板得是你周围的人、每天汇报的人，不是遥远的上级的上级的上级。他就得是你的上级，或者也可以是你的父母、爱人、好友等。

所以，择业时大公司不一定是最佳选择，除非你的直接上级是年薪百万的大咖。如果你的上司年薪只有20万元，那么，你的天花板就是20万元，不如去一个小公司向年薪百万的创始人汇报。

你的同事至关重要。比如我女儿初升高从平行班进入实验班，半年后做出以下总结：到了实验班才明白，一是原来你觉得不可能的事情是可能的；二是突然发现，每换一个同桌，都能帮你突破之前的一个局限，比如你终于意识到粗心的根本原因是基本功不扎实，而非不用心；三是你会发现，即使你是班上最后一名，也有机会下一次或者下下次冲刺第一名。同事激发带来的理念改变能助推你的能力极速提升。

亲密关系的质量是我们的生态圈，生态圈的优劣决定了人生的起点。比如谷爱凌有个能力爆表的妈妈；埃隆·马斯克有个不惧困难、永远挑战极限的妈妈；孟晚舟则有个坚韧不拔、不畏强权的爸爸，所以在相应维度上，他们都十分出类拔萃。

父母的配置是孩子能力的起点，因此，对于年轻女孩子来说，不要太随意对待自己的婚姻。婚姻有两个核心价值，一是提升自己的能力配置，二是给孩子一个高阶能力起点。你的婚恋选择是增加自己看世界的维度，还是降低自己看世界的维度，其实在你做选择的时候就已经决定了。高标配置的婚姻生态圈决定了下一代习得性高配的可能性大幅增加。

第二，工作场景中有清晰、明确的高标准输入和输出目标。比如华为和阿里通过清晰、明确的价值观对输入和输出标准进行量化；不断设定更高的目标，今天的最好表现是明天的最低要求。如果你在高标准下总是做到第一，恭喜你，你离晋级高阶INTJ人格只有咫尺之遥了。

细化一下输入和输出标准：

（1）输入：全神贯注，120%的投入。对于职场菜鸟来说，"斜杠+摸鱼"是摧毁人的专注力和意志力的利器。无论做什么工作，没有100%的投入，很难做到第一。到处斜杠挣小钱，最后丢掉的是大格局。在高阶INTJ人格的人的字典中，"斜杠"等于目光短浅、心神涣散，"摸鱼"等于自嗨。

（2）输出：尽一切努力超越你的工作质量、工作进度和成本控制目标。如果你总是超越目标，你会发现，所有的资源都会向你倾斜。诀窍就是，努力跑到前边去，要当第一。第一和第二之间的差距，超乎你的想象。在高阶环境中，如果你摸鱼、划水，会被揪出来批斗。总之，环境会逼迫你全然生活在当下，用尽全部力气去做好眼前的工作。

其实，所有的能力积累，都是通过做深、做透一件事带来的。譬如谷爱凌，最擅长的就是滑雪，其他的都是点缀，比如她的SAT考到1580分进入斯坦福大学，网友觉得牛掰得很，但对SAT中国考生来说，满分很常见。人生能把一件事做到极致，其他不怎么极致的事情也会闪闪发光，因为极致就是最大的光圈，能让周遭一切熠熠生辉。

第三，高阶即时反馈：根据吉尔伯特的行为工程模型，绩效反馈对行为改变的影响高达35%，激励对行为改变的影响高达14%。精准而到位的反馈，是成长伴侣：它在你摸鱼的时候及时呵斥你、阻止你，避免你滑向深渊；它在你突破了"瓶颈"取得阶段性成就时,为你喝彩,避免你枯萎凋敝。

所以,去找一个好的环境:有人能直击痛点地呵斥你;有人能针对你的进步表扬你、鼓励你;有人能在你偏航时不断帮你校准航线。这样,你的高阶人生就正式启航了!

10.2　构建你的心理定力

　　INTJ人格的人时时刻刻都在思考、琢磨，典型的INTJ人格的人，有着大量的饱满的内在对话，他的精神生活非常丰富。一旦让INTJ人格的人不去思考，他马上陷入不能承受的生命之轻。

　　由于INTJ人格的人有非常强的目标性，所以INTJ人格的人的很多思考都指向非常重要的成果，或者是研发成果，或者是论文成果，抑或只是一个课件、一个文案，诸如此类。在所有的思考类人群中，INTJ人群的思想深度是其他大多数人群望尘莫及的。

　　INTJ人群最闹心的莫过于自己的思考路径被打断，或者自己的思考被导向了错误的方向上。比如，对INTJ人群干扰最大的，分别为：INTJ人群的下属离职，INTJ人群的人际冲突，INTJ人群遇到玻璃心的下属。按照耐受指数，INTJ人群最困扰的莫过于玻璃心下属。

　　对于INTJ人群来说，上述打扰，都会让INTJ人群跑得好好的"代码"无缘无故停下来，INTJ人群很讨厌陷入这些无谓的、没有任何产出的人际纠纷，他们只希望对方能自己搞定自己的情绪，不要来影响他们，更不希望被带节奏，陷入对方的鸡零狗碎中。

所以，典型的INTJ人格的人，往往对任何啰唆和纠缠都很反感，耐受度很差。他们需要能让他们有安全感的人，即无论怎样发脾气，对方都不会大动干戈，也不会情绪崩溃。所以，INTJ人群生存下来的地方，往往有一堵厚实的墙。这堵墙可以是能力墙，即无论遇到什么事情，你都可以自己搞定，不把INTJ人群牵扯进来。如果没这两把刷子，那么，做一堵情绪耐受墙也行，即无论INTJ人群怎么发脾气都不会被反弹回来的墙。

然而，就大多数人的懒惰和脆弱而言，INTJ人群遇到的大多数都是稍一刮风下雨就左摇右摆、随时要倒塌的墙。这让INTJ人群很郁闷，多数INTJ人格的人的郁郁不得志往往和这两个指标有关，即周围人能力差，或周围人脾气大，或周围人能力差且脾气大。

但凡周围有个能干的，或者脾气好的，INTJ人群的产出就很高，因为可以安心下来，在有人遮风挡雨的情况下，全力以赴地跑自己的"代码"，用心做好自己的事情。

但是INTJ人群的成长，却伴随着不安全感和不踏实。

INTJ人群的一生座右铭都是：不浪费时间，把所有时间用来去做有用的事情。但是，恰好是那些让INTJ人群感觉到内心格外动荡的事件，能让他们停下来，让他们的"思考脑"能休息一下，切换到那个INTJ人群不太喜欢用的"情绪脑"，去回味一下身边的人际冲突，反省一下自己的尖锐和不近人情。

在含着这口不顺心，不得不带着冲突和愤怒入睡的过程中，这些尚未解决的冲突，成为一个个硌硬人的沙砾，在缓慢地把这一个个沙砾打磨成一个个珍珠的过程中，INTJ人群慢慢成长为一个心理容量大、心胸宽广、宅心仁厚、有了生命不能承受之重的故事的人群。

接下来的INTJ人群，心理定力就慢慢构建起来了，直到有一天，INTJ人群即使含着满嘴的沙砾，也能安然入眠。随着心理定力的越发强大，INTJ人群越有耐心和不确定性死磕，并从容学会用Plan B（第一套计划行不通时的第二套计划），应对每一场冲突和挑战，然后安然睡去。

有写作爱好的INTJ人格的人，能通过自己的笔端，在虚拟世界实现自身的愿望和救赎，然后丢下笔以后，一身轻松地回到沉静的人间。

当INTJ人格的人经历过足够多的生命不能承受之重，构建起不被任何一件事情影响，不会因为突发状况而带来心理反复波动时，INTJ人格的人就有了心灵锚定和稳固的能力，最终，INTJ人格的人向外才能呈现出生命不能承受之轻的笃定、踏实状态。

10.3　停止反刍式内耗，和昨天说Bye bye

INTJ人群的内耗源自INTJ人群的完美型人格。

在《赢在性格》一书中，提到INTJ人群的完美倾向和由此衍生的内耗特质：他们倾向于对事物不断做改进，即使运行良好，他们也会去改革它。这种倾向意味着他们会对工作中的每一项事物都做改进，对每一个项目都会做评估、审查，甚至修正[1]。

由于追求完美，INTJ人群会在脑海中不断复盘自己的人际交往瑕疵，并基于丰富的想象力，随时随地在内心开展对话，修补自己的失误，并演绎事态的发展和结果。

这种完美（抑或吹毛求疵）的态度，以及对事情的过度演绎，无形中为INTJ人群带来很多困扰，尤其身处虚拟社交时代，很多的线上沟通，既看不见对方的神情，又得不到对方及时回

---

[1] 奥托·克劳格、珍尼特·M.苏森、希尔·路特莱奇：《赢在性格》，王善平等译，浙江人民出版社2005年版。

复,或者对方回复简洁了些,都会让INTJ人群产生联想和演绎,以至于把简单的事情复杂化了。

反刍式内耗是INTJ人群完美人格的副产物。因为追求完美,INTJ人群会不断描眉涂红,本想更漂亮,没想到眉毛越描越黑,口红越涂越厚,遮住了天然瑕疵带来的真实与美好。

反刍,让INTJ人群始终没办法从"宿醉"中醒过来,反复咀嚼胃里翻上来的酸味,涂炭了自己清新的一天。处在压力下的INTJ人群,会一直在反刍,久而久之,身上往往带着一种特别的酸味,就好像出了一身汗的衣服未及时清洗又上身了。

反刍,是消耗指数较高的内耗行为,在懊悔、自责、沮丧、徘徊的过程中,INTJ人群在用稀缺的能量,生产大量的情绪垃圾。

那么,INTJ人群怎样抑制反刍,停止内耗呢?

(1)和已发生的事情说Bye bye。已发生的事情,无论好坏,都是过往。过往的最大价值是撑起一块踏脚石,帮我们踏向未来。如果一直纠缠过去,试图修复踏脚石上的瑕疵,我们的命运就成了一块千疮百孔的踏脚石。

(2)不追求完美。次重要的事情做到85分,才有余量把最重要的事情做到120分。一件120分的最重要事件,可以升华100件以上的85分事件。分清最重要、次重要,在最重要事件上着力,开启张弛有度、四两拨千斤的饱满人生。

(3)大气。大气是靠大空间、多事件、多支点撑起来的。所谓大空间,当你的物理和心理空间足够开阔,你就省了抬头不见低头见的人际摩擦和尴尬,大不了换一个房间,换一个心理频道。留白一段时间,很多琐碎自然化作一地鸡毛,扫帚一扫干干净净。所谓多事件,如果你永远有比这个鸡零狗碎更加重要的东西,你就没时间去纠结内耗了。所谓多支点,如果你有很多朋友,形成不同的智囊团,东边不亮西边亮,你可以找到多点支撑,也就不会介意朋友的瑕疵和偶尔的不靠谱了。

10.4　请善待你的良性内耗

INTJ人群的内耗一直被当成缺点和劣势，广被诟病。

然而，99.9%的人不知道的是，内耗代表内在的冲突水平，若内在冲突过低，则功能失调，内在活力指数降低，个体会显得冷漠、呆板、停滞不前。若内在冲突过高，会导致混乱、无序和分裂。而恰到好处的冲突，能提升认知，帮助个体构建反省精神和创新精神。

所以，并非融洽、和平、安宁就好。所谓过犹不及，内在太过圆融，则活性降低、对变化反应迟钝、缺乏创新。而内耗指数过高，则活力过剩，会导致撕裂、动荡和焦灼不安。

良性内耗，是把时间花在有价值的人和事情上面，远离烂人烂事，不在鸡零狗碎的事情上纠缠。

良性内耗一如INTJ人群破茧重生的过程，就像《鹰的重生》的故事一样。传说中，当一只鹰活到40岁左右时，它的喙会变得弯曲、脆弱，不能一击就制服猎物；它的爪子会因为常年捕食而变钝，不能抓起奔跑的兔子；双翅的羽毛也变得粗大沉重，无法自由飞翔。

　　故事中，选择重生的鹰必须艰难地飞到山崖顶端，在那里筑巢，忍饥挨饿150天，在岩石上日复一日地敲打它的喙，直到旧喙脱落、长出新喙，再用新喙将被磨钝的爪子艰难拔出，用新长出的爪子拔掉粗大而沉重的羽毛，待新的羽毛长出后，再次振翅翱翔，重获30年新生。

　　INTJ人群的内耗，漫长而痛苦，就像故事中鹰的破茧重生，看似在磨损INTJ人群的生命，实则在帮助INTJ人群不断向内自省。多数INTJ人格的人在人生的前30~40年，一直内耗，一直卷，自己体内的A卷走了B、B卷走了C，卷着卷着，INTJ人格的人就变成了日日新、时时新的创新高手。

　　如果用活性指数来测量INTJ人群的活力，INTJ人群应该是活性最好的类型，活力值非常高。很多INTJ人格的人晚睡早起，却能整天精神抖擞、从不倦怠。

　　良性内耗是内在活力的体现，是内在精神体系生命力旺盛的外显。对INTJ人群来说，有益的内耗是一种预演，它是王阳明"心在事上磨，事在心上练"的精神体现，也激发了INTJ人群即兴给答案的潜能。

　　譬如，一个客户的老大曾问我，雇主品牌怎么做。当时我并不知道具体怎样做，只是简洁地告诉他：从价值切入！但是回来后，内生的探索精神逼迫我去思考：所谓雇主品牌核心就是公司的吸引力，而吸引力的背后就是价值，那么，从哪些维度去打造价值呢？随着思考的深入，这件事不断在心上磨，磨着磨着，脑子里就有了一个很系统的"雇主品牌价值六维模型"。

正巧一周后，我再次和客户的老大见面，他又聊到同样的话题，并对我的"价值切入"很感兴趣，可见，同样的事情也在他的心上磨。我分享了自己思考预演了一周的"雇主品牌价值六维模型"，客户很感兴趣，拿出手机来记录每个要点，并问我这些东西出自哪本书，我才意识到，这个"雇主品牌价值六维模型"的内涵和颜值已经可堪成书了。

正因为在大脑中无数次地复盘既往的失利，或回放成功的片段，INTJ人群已经学会了用慢倒带的方式进行失败总结和成功萃取，这种不着痕迹的萃取方式，让INTJ人群成为极有自省精神和自我提升动能的人群，这也是INTJ人群能成长为MBTI®16型人格人群中最有深度的人群的核心原因。

被内耗打磨过的INTJ人群，眉宇间总有一种沉甸甸的质感；气场中总有一种静水深流的深邃；性格里有了醇厚的温暖。

内耗，尤其是创新性复盘的内耗，是对INTJ人群思维的打磨和抛光，它让INTJ人群的触角变得更加敏锐，内心变得更为强大。它令很多挫折提前缓冲了，如是，INTJ人群永远不会失去和生活本身的连接，永远真实、敏锐地与生活水乳交融。

10.5 拓展你的格局，管理你的浮躁

有一天，我在一家国内医药类头部企业讲领导力提升课程。课间有个INTJ人格的人问了一个比较敏感的问题，他说："老师，我遇到了一个困扰，我不知道怎样才能更快地脱颖而出？"

我问他："你说的'脱颖而出'是指什么？"

他说："目前的很多研发成果，都是部门经理或者总监去向老板们作汇报，我只是个项目经理，没有直接向老板们汇报的机会，虽然具体研发是我们做出来的，但是最后去展示的通常不是我们。很难有机会让老板们看到我的实力。"

我想了想，问他："你的研发过程，部门经理和总监都没有参与吗？"

他说："没太参与，就是指导了一下，给了一个方向而已！"

我认真看了看他，说："所以你觉得去向老板们展示的应该是你，而不是他们是吗？"

对方不置可否。

我笑了，说："你知不知道在研发中，做指导和给方向的价值远远高于具体做事？100个研发人员中，有1~2个人是能给方向和做指导的，剩下的98~99个人都是具体做事的。给方向的人要比具体做事的人贵很多很多倍！他们对你研发成果的贡献高达80%，你知道吗？"

对方的心灵似乎有点儿撼动，眼神很飘忽。

我继续说："如果你真的实力满满，根本没有被埋没的可能性，以你们公司这么健全的考核体系，如果还没脱颖而出，就只有一种可能，你的实力尚未到位，还需再锻造。"

自我认知偏差，是INTJ人格的人需要用一生去克服的障碍，每个初阶INTJ人格的人在受到重用的时候，都会觉得自己很厉害，甚至最厉害，老大只是一个摆设而已。如果没有前置教育，很多INTJ人格的人会误入歧途，过度夸大自己的贡献，甚至滋生贬低上司和同伴的倾向。有些人要用一辈子的沉浮为自己的假性"高大上"买单，譬如任正非的第一任爱将，原本前途光明，最后却惨淡收场。

所以，视野和格局对于很"I"、很有才华的INTJ人群很重要，如果见识太短浅、格局太狭隘，会导致他们把自己的专业特长泛化成通用奇才，以为自己天下无双。所以，低阶时代，多看看世界，多和牛人合作能有效拓展INTJ人群的视野和格局。

2022年中时，办公室来了一个初阶INTJ人格的人，全身心地做事，那种投入和专注，把同频道的INTJ人群都调频到了心流状态，看着他的账号粉丝破千、破万，继而冲击3万、5万，那种愉悦的感觉，只有同频道的人才能感受得到。

然而，心流的可持续性不好，两个月的时候，这个初阶INTJ人格的人就开始浮躁了，浮躁源于那些开始做海外版抖音的旧同事，觉得人家一日千里，离财务自由越来越近，而自己却在原地踏步。

那天出差，没时间同他聊得很细。

但是，我问了一个问题："你真的是原地踏步吗？你可知道每一个做新媒体的人，无论吹牛吹得多么天花乱坠，其实核心的底子只有一个，就是流量。为什么让别人的花哨把你正一日千里的IP贬低得一无是处？"

出差走到半路，我给他发了一段文字："人生很长，不用走得那么急促，有时候，慢就是快，年轻时，走得稳妥扎实就是在为日后的快打基础。"

虽然苦口婆心，但还是没能留住他，他铁了心要去挣快钱。遗憾的是，两个月之后，他就发现所谓的快钱道，果然是个天坑。

初阶INTJ人群，最忌讳的就是浮躁，好不容易遇到一个有起色的坑，结果看见同事们都在蹲大坑，就有点儿沉不住气，就想把自己有起色的内核一起扔掉，也去蹲大坑。

殊不知，你之大坑，我之天坑。小坑如果赛道精准、质量优异，1年后就能得到大坑赛道的10倍回报。如果一开始就把自己弄到快钱道上，以为是优质赛道，几年之后才发现，所有的快钱道都是一把鼻涕一把泪的心塞赛道。

送给年轻的INTJ人群一句话：人生很长，慢一点儿走，免得一直在追机会，却总是和机会擦肩而过。

第十一章

INTJ群体的王者气场淬炼

> INTJ人群是为数不多的不惧怕冲突,且能在冲突中汲取能量的人群,这铸就了INTJ人群的气场。在高阶INTJ人群解决问题的过程中,气场是一种万能加持。

11.1 修炼你的气场,淬炼你的人格定力

INTJ人格的人的出厂设置中,气场是高配项。所谓气场,就是心理能量,心理能量越高,气场越强。气场包含三种能力,一是你不被对方的招数和套路影响的能力;二是你说服对方的能力;三是直面冲突和困境,在风雨飘摇中保持心理定力的能力。

气场的第一个维度,是不被对方的招数和套路影响的能力。向老是成都市心理咨询行业协会会长、行业内鼎鼎有名的资深心理咨询师,有一次和向老聊攻击性,向老讲了一个故事。

一个来访者,经常梦见被老虎追,每次在梦中都被吓出一身冷汗,惊叫着醒来。

她来求助,向老问了她一个问题:"那只老虎长什么样子?"

来访者很迷茫,说:"我从来没回头看,不知道它长什么样子!"

向老说:"下次梦见它的时候,记得回头去看看它长什么样子!"

来访者回家后，一直心心念念想给向老一个交代，想看清老虎长什么样子，结果这种预演被带进了梦境，下一次做梦的时候，来访者在梦里没有跑，而是回过头去看这只老虎。没想到，身后根本没什么老虎，只有一堆卷成线团的烂麻。

简短的2分钟对话，向老就把一个带有提升性的预演画面植入她的潜意识，改变了她的心理聚焦，把她从惊恐频道拧到好奇频道，一个巨大的心理困扰迎刃而解。

后来我一直在思考，向老为何能在短短2分钟快速影响对方？我觉得是一种叫作气场的东西。向老没有被对方的招数带节奏，没有跟随对方的情绪起舞，他听来访者讲完梦境后，没有好奇、夸张、垂询、关注和哪怕一闪而过的惶惑，只有云淡风轻的沉静和安详，这种笃定给了来访者信心、倚靠和托付，以及满满的踏实感。

气场的第二个维度，是说服对方的能力。说服并非滔滔不绝地让对方臣服，而是透过你的提问、引导，让对方看见自己的阴影，进而想去自我改变。这是INTJ人群的激活项，当INTJ人群的洞察力达到一定程度时，气场就被自动激活。

有一次在杭州，讲战略目标管理，70多人的大课，结束前有个10分钟答疑，一个男孩问了一个问题："为什么我的老板不培养我？"

我沉吟一会儿，问了他三个问题。

"你是问老板为什么不提拔你是吗？"答曰："是。"

"能不能告诉我，老板提拔一个人的关键标准是什么？"答曰："达成年业绩700万元。"

"你目前的业绩怎样?"答曰:"年业绩350万元。"

三言两语问清原委之后,我笑了,问他:"看来你差的还不是一点半点,我倒是想知道,你哪里来的底气问这个问题?"对方也不好意思地笑了,估计觉得有点儿羞愧。

停顿一会儿,我说:"这样吧,你换一种问法,能帮你找到答案的问法!"对方想了一下,修正自己的问题:"我要怎样做才能让老板提拔我?"换了一个问题,马上"人间清醒"了。

气场的第三个维度,是直面冲突和困境,在风雨飘摇中保持心理定力的能力。

结束P公司高管辅导项目那天,我正好碰上P公司的若干核心研发人才离职,高管团队都很沮丧。结束前到董事长办公室过项目,聊了两句人才流失后,董事长就换频道了,他说:"离职已经发生,走了的人不值得再聊,今天我们聊聊怎样借助资本把平台做强做大。"

INTJ人群的心理定力和他对事情的掌控力有关,当他不被任何突发状况引发心理波动时,就有了心灵锚定和稳固的能力。而掌控力的核心源头有两个,一是不被突发事件扰乱阵脚的能力,二是思维升级的能力。当眼里有了比眼前这件事更加重要的事情,无暇顾及眼前的得失时,INTJ人群就能轻松超越鸡零狗碎,构建心理上的藐视,关注更高层面的东西,久而久之,格局就大了,定力就强了。

试着总结一下INTJ人群身上的这种高配气场,它可以用几行字概括:

洞察一切的"人间清醒"。

睥睨一切的"居高临下"。

醍醐灌顶的"直击核心"。

有了气场加持,多数高阶INTJ人群几乎都是"药到病除",成为"疑难杂症"的克星。

11.2 以张力激活你体内的活性指数

不知道为什么，INTJ人群的面部表情和人格特征里，总藏着与环境的逆反、与周边的不协调。

那种感觉不是酷炫，不是刻意地彰显独特，而是一种失衡的紧张感，以及张力。

INTJ人群很少以静态的方式出现在众人面前，他们冷漠的表情、微微皱起的眉毛、自带强大信息密度的气场、无处不在的与环境的巨大反差，会让环境骤然产生一种失衡的紧张感。

所以有INTJ人群的地方，平衡感、对称感和宁静感往往瞬间被击破，紧绷感会蔓延，INTJ人群的锐利言辞，常引发环境的惊奇和关注，促使忙碌的灵魂停下来思考。

INTJ人群喜欢这种没来由的张力，张力会激活INTJ人群体内的活性指数，让他们变得思维敏锐、言辞犀利、行动爽利。

有一天，我给一家已经进行了A轮融资的生物医药公司做战略研讨会时,遭遇投资人的挑战。

坐在创始团队中的投资人,是个"陡峭"的INTJ人格的人,全身充满了张力,在开场45分钟时,其质疑研讨会流程:"这么复杂的PEST分析(宏观环境分析),短短20分钟,怎么可能讨论完?你布置的课前作业我们都讨论了4.5小时,我觉得这个流程不对。"

脑子里瞬间1万匹"what?"奔腾,我冷静了1分钟,然后看着他,说:"研讨会才开始45分钟,您就下了对错判断哦!(微笑看着他,停顿)为什么你们研发效能不高?为什么仅需1小时的课前作业你们要做4.5小时,这是不是反过来验证了,你们亟须提速练习?也许这种高频高效研讨恰好就是你们所需要的!"

"而且,我观察到:在座10多个中高管,全身心投入研讨的不足一半,有些人全程不说一句话,有些人吭哧吭哧半天说不出一个有价值的观点,这样的研讨效能,怎能输出高质量研讨成果?"

"所以,"我停顿了一下,继续说:"你们要调整的,不是研讨流程,而是你们的研讨效能和你们的投入程度!与其不断评价和判断,不如踏踏实实按照流程做完!别人能做到的,你们也一定能!"

说完以后,现场很安静。我静静地看了一眼投资人,然后直接切换到下一张PPT。

这时的现场,有一种微妙的失衡感,却激发了反省和思考。后续研讨中,团队效能大幅提升。那个投资人的行为模式也发生了变化,从挑战模式切换到协作模式,成为全程最认真的那个人。

改变多数时候是痛苦的，过程是尖锐的，伴随着旧习惯和新习惯之间的强烈冲突。INTJ人群往往能在新旧切换的强烈不适中，以及不同观点的激烈交锋中，面对事实，接纳改变的痛苦，敏捷而顽强地自我蜕化。

MBTI®的创始人伊莎贝尔在《天资差异》一书中描述INTJ人群的这一特征时，强调INTJ人群不仅不会被困难压倒，反而会被困难点燃："困难能激发他们的创新，使得他们解决困难的方式方法反而更具独创性[1]。"

INTJ人格是唯一能被负能量点燃并熊熊燃烧的人格，MBTI® 16型人格的人中，唯有INTJ人格的人能在负面打压下嗖嗖嗖快速成长，噼里啪啦完成自我蜕变，噌噌噌成长为攻坚高手。

INTJ人群需要"激励+激将"，激励让INTJ人群跑得更快，激将让INTJ人群爆发出无限潜能。

INTJ人群的创新，与其说是创新，不如说是蜕变升华。在不断把事情做得越来越好的路上，INTJ人群扔掉了自己的很多坏毛病，打磨出很多坚韧耐磨的攻坚利器。

---

[1] Isabel Briggs Myers, Peter B. Myers, "GIFTS DIFFERING: Understanding Personality Type", 1995.

11.3 气场全开的瞬间，人生开挂的起点

气场，是INTJ人群披荆斩棘的高频使用工具。

INTJ人群是为数不多的不惧怕冲突，且能在冲突中汲取能量的人群，这铸就了INTJ人群的气场。在高阶INTJ人群解决问题的过程中，气场是一种万能加持。

对INTJ人群来说，即使没有人际转圜的优势，但是有了气场加持，有些问题无须多费唇舌，单靠"气场"两个字就一步搞定。

在一个周日的"人才甄选与精准面试"的培训课堂，一家生物医药企业，一群科学家，虽然都是硕士或博士学历，研发能力超强，但是表达能力欠佳。

其中有两个人特别凸显，一个非常啰唆，另一个说话太慢。

怎样才能让他们更加投入，跟上我的节奏，又不至于产生压力？

太严肃、太正经可能不行，INTJ人群的卡点不在事情上，而在人上。INTJ人群总能把事情做到极致，但也总能把人的心情弄得很不爽。当INTJ人群把对事情的极致追求用到了对人的极致要求上时，会开启纠错模式，见人就怼，见人就批评，见人就否认，一言不合就一拍两散，最后攻坚的卡点没解决，倒是为了解决这个卡点"得罪"了一群人。

所以要提速，不能用纠错的方式，倒是可以试试气场。

第一个啰唆的小A上来分享案例时，整整1分钟，都没进入主题。

我打断他："你刚才说的全是废话（全班大笑），来，我们试试直切主题，先说做什么，再说为什么。记住，三句话内要点题。逗号，逗号，然后句号，记住了吗？"

他很认真地点头，思考了两三秒，开始说话。第一句话结束，大家一起喊"逗号"；第二句话结束，大家又喊"逗号"；接着他顿了一秒，生生吞回去一句话，结了一个尾，全场一起喊"句号"，然后大家边鼓掌，边开心大笑。

轮到那个特别慢的学员小B，我直接掐断他的发言，然后给他指令："你刚才用的是0.7倍速，太慢，现在开始提速，用1.3倍速。"

他飞快地说了一句："可是说话慢是我的天生性格！"

我抓住这句话的尾巴，大声说："对对对，就是这个语速，再来一遍。"

结果很神奇，在全班学员一起为他加速的声浪中，他的语速拧到最大挡，1.1倍速、1.2倍速、1.3倍速，终于正常结尾，在全

179

班热烈的掌声中，小B说："我原来以为是天性的东西，其实只要刻意练习一下就改变了，没那么难！"

INTJ人群有把万事万物严肃化的趋势，却没有轻灵地处理冲突和危机的气场，时常因为太过严肃导致用力过猛，使人际关系出现裂痕，然后又花数月来修补裂痕。结果裂痕没有修补好，新的裂痕又产生了。

所以，气场的第一步，是要用轻松欢快取代严肃苛责，用真诚的态度、适当的方式，营造安全流畅的氛围，反而更容易达成目标。

11.4 善用惊奇效应，一键提升气场和灵性

典型的INTJ人群，如果"I""N""T""J"四个值都高，远远高于对比面的"E""S""F""P"时，张力有余，而灵性不足；震慑力强大，但人格弹性差。导致解决问题时手段单一，多数时候靠"蛮力"搞定一切。

高值INTJ人群很难构建弹性人格。弹性人格始于和外界产生更多的连接，即提升"E"值，把自身的情绪流量池打开。

情绪流量需要互动，互动越多，情绪越容易被激活，面部表情也会越来越柔和，随之而来，对人的关注也会与日俱增，人格弹性也就越来越高。

但是，对于较为僵硬的高值INTJ人群，让他们增加人际互动很难，因为多数人际互动带给INTJ人群的是挫败、沮丧、无疾而终，所以INTJ人群总是竭力避免在自己的弱项上耗费时间。

怎样才能另辟蹊径，帮INTJ人群绕过沮丧体验，快速构建人

格弹性呢？

推荐一个心理学的小技巧——惊奇效应。

在经典电影《为人师表》中，面对一群上课才5分钟就拉响下课铃然后一哄而散的"学渣"，严肃内敛的兰特老师戴着厨师帽，提着刀走进教室，在学生惊诧的目光中，淡定地把苹果放在讲台上，咔嚓一声，一切两半，然后拿着一半问学生："这是多少？"

调皮捣蛋的学生们被震慑，来不及反应，就跟随老师的节奏，一起答："1/2。"

兰特老师再切一半，问："这是多少？"

大家一起答："1/4。"枯燥的分数一下就变得妙趣横生。

利用学生震惊时的思维空白，兰特成功地清空了学生的成见，导入新的理念，改变了学生的行为模式，让"学渣"从摆烂模式一键升级到兴趣模式，从此开启了"学渣"变"学霸"的逆势转型。

这就是惊奇效应，根据影响力心理学原则，震惊可以带来意识层面的彻底颠覆和对新理念的无条件接纳，它可以加速一个人的蜕变，达成三秒内改变行为的目标。

惊奇效应不需要太多的人际互动技巧，需要的是奇思妙想，这恰好是INTJ人群的优势，INTJ人群长于独特构思，视角清奇，稍加运用，反向塑造，可快速提升自己的灵性，实现自我改变和自我升级。

某次我和一家上市公司的老大谈战略咨询项目。落座以后，按照对方的要求，简单介绍了咨询方案，然后开始回答客户的问题。然而，这个客户的老大前两个问题是这样问的："你们和麦肯锡提供的方案不一样，能解释一下吗？""你们的方案里为什么有这个模块，麦肯锡的没有？"

当他问到第三个问题"你们和麦肯锡的差异是什么？"时，我没回答他的问题，静静地思考了半分钟，然后，扣下笔记本电脑屏幕。看着他的眼睛，问："您请我们来的目的是什么？"

他有点儿晕，没回答，我说："我帮您回答吧，您不是想听我们的方案，也不是在比对方案。您找我们来，就是想证明麦肯锡才是您的最佳选择，是吗？"

对方有点儿愕然，看着我，一时间不知如何回应。

我看着他的眼睛："既然您已经选择了，为什么还要我们再跑一趟？"

对方语气有点儿尴尬，不太自然地说："抱歉，可能是和麦肯锡接触较多，有些先入为主了。"

这时，我开始给指令了。

我说："如果您对我们的方案感兴趣，那我们就来谈谈我们的方案。麦肯锡固然有它的优势，但也不是什么至高无上的行业标准。我们能被推荐过来坐在您面前呈现方案，固然有我们独特的优势，您只需要敞开心扉，认真倾听就可以了。"

如果说前半段我们一直很憋屈地笼罩在麦肯锡的阴影下，那么，后半段我们终于成功地吸引了他的注意力，直到结束，他再也没提起麦肯锡。

这就是惊奇效应：意外能让对方突然放空大脑，这时候，你的指令毫无阻力地进入对方大脑，直达潜意识。

它也能同步让INTJ人群实现反向塑造，打破INTJ人群"我也没办法"的执念，把一个沮丧无助的体验，变成有趣经历。惊奇效应反向塑造了一个新的理念：只要用对了方法，没有什么是解决不了的！人格的重塑，在那一分钟就开始了。

在《为人师表》后半段，兰特为了不让学生中途辍学打工，以200码的车速快速疾驰过一个十字路口，在分秒之间让学生选择"左"还是"右"，学生在慌不择路的情况下选择了看上去更广阔的"左"，结果在刺耳的刹车声中，学生震惊地发现这个看上去不错的选择，原来是个死胡同。

心理学中的惊奇效应，让学生幡然醒悟，原来辍学打工是一条死胡同。

惊奇效应，如果运用得当，能带来很多不凡体验！它帮INTJ人群快速构建灵性矩阵，让僵硬的INTJ人群变得灵动有趣，充满张力又不乏活力。随着人格柔性增加，INTJ人群的控场能力大大提升，解决问题的手段也更丰富多样。

11.5　正用邪道，邪亦正

10多年前看《黑天鹅》，几乎一夜之间领悟了正邪的水乳交融，也是从那一刻对邪道有了更加立体客观的认知。

作为一个INTJ人格的人，一身凛然正气常常让我吃够了苦头，比如我常常挺身而出护主。有一次我在外地给一家公司做战略咨询调研，分公司的老大居然当着我的面诋毁他的母公司。我当即义正词严地把他怼回去，导致他只要看见我就绕路。

更不用提办公室的"外卖剩饭"，领导的明显决策失误，只要我在，都会有正义的劝解和纠正。

久而久之，我慢慢发现，正义吸引不了正义，反而经常惹一身脏。

比如，隔壁邻居把他家的鞋铺满了公用走道，我好心提醒他注意公德，结果他反过来说："管得那么宽，这是走道，又不是你家。"

每天推门看见门口一堆臭鞋，INTJ人群的正义感爆棚，只能一次次敲隔壁邻居的门，费了老大劲，隔壁邻居终于收拾了进去。几天后，出差回来，一出电梯，看见鞋子又摆满了，隔日只要一回家，心里就塞满了郁闷和憋屈。

行为的开悟，是N年前，那天卧室被反锁，我和老公急得跳脚，恰好老公那个从小调皮捣蛋的兄弟来送东西，只见他撂下东西，从侧边阳台翻身一步跨到卧室窗台，几分钟就解决了问题。

我突然就开悟了。

下一个出差日归来，电梯一开，看见满走道的臭鞋，邪气开始升腾。我把行李箱往家里一撂，拿来一把扫帚，一股脑儿地把那些鞋子全部扫进了走道里的垃圾桶，虽然隔壁霸占公区，作恶多年，物管屡次警告霸占公区一律没收，但对方死不悔改。

INTJ人群的正直，使得我一直忍气吞声，虽然脑子里预演了无数次把鞋子扫进垃圾桶的动作，但临到头来总有顾虑。

没想到迈出了从0到1的邪的跨越后，事情一下变得简单了。每次回来，只要走道里有障碍，我直接一脚踢开，从此走道再无鞋，心情也敞亮了。

当然，跟着改变的，还有自己的行为模式，即从阴柔到果敢。譬如一次有个领导力训练营项目，13组在线辅导，每组半小时，密匝匝排了两天。轮到其中一组时，学员之一职位较高，耍大牌，迟迟不上线。几度催促无果后，我和组织者说，你敲门进去，坚定但是温和地告诉她，现在必须上线，否则没时间讨论他们的方案了。

组织者进去后，那个大牌成功上线，这时仅剩22分钟，我卡掉了部分开场，直切主题问他们拿目标。过程中，那个大牌不断打断我的发言，数次要求自己发言，我没理会，直接说："你浪费了22分钟，已经没时间给你发言了！"

你不懂尊重，我教你什么是尊重。我可以笑着给你讲道理，也可以翻脸和你讲规矩。

作为一个成功地把自己接上地气的INTJ人格的人，参透了"正用邪道，邪亦正"的真理后，生活一下变得明朗通透，处处阳光明媚。

所以，我对那些勇于直面挑战、敢于"正面刚"的INTJ人格的人，内心充满敬意。

比如任正非遭遇爱将李一男背叛，眼睁睁看他另立山头成立港湾公司，看他公然从华为挖人挖技术，甚至欲投靠外资威胁华为生存。任正非果断出手，成立"打港办"，对港湾公司穷追猛打，针锋相对地参与港湾公司的每次竞标活动；针对李一男长于技术，疏于管理的短板，反向挖走他的高潜核心团队。在其穷途末路之际，状告其侵权，使其委身两大外资巨头的企图落空，并乘胜追击，花费10多亿元收购港湾公司，以绝后患。

被"招安"后的李一男，回到华为上班，惹来大量围观，成为华为高度可视化的反面教材。任正非应对背叛者的经典教案，充分诠释了"正用邪道，邪亦正"。一次重拳出击，用其人之道还治其人之身，从此根治了华为内部偷技术创业的歪风邪气，把蠢蠢欲动打算带"脏"创业的不安分因子全部扼杀在摇篮里。

第十二章

创新引领者的INTJ群体

"I""N""T""J"四个字母组合的人群之所以创新创意能力强,玄机藏在四个字母的互动中,"I"是向内探寻、深度思考的抓手,辅以"N"的整合性以及"T"的缜密逻辑,加之"J"极强的时间意识,使INTJ人群总能在时间压力下,依靠四个核心特质的内在互通,激发创意无限。

12.1　INTJ群体的创新整合机制

"I""N""T""J"四个字母组合的人群之所以创新创意能力强，玄机藏在四个字母的互动中，"I"是向内探寻、深度思考的抓手，辅以"N"的整合性以及和"T"的缜密逻辑，加之"J"极强的时间意识，使INTJ人群总能在时间压力下，依靠四个核心特质的内在互通，激发创意无限。

举个例子，2022年大年三十，我在厨房忙着调制饺子馅，听见客厅中的嫂子和弟媳在说，饺子皮太小、太厚，很难包，其时我正在厨房精心研究怎么把馅料弄得更好吃，等我端着一盆更好吃的馅料出来加入包饺子时，她们已经包了至少100个。

我包了5个之后，内在的"N"就开始整合了，这么厚的皮，能好吃吗？这么小的皮，包的馅料也很少，能好吃吗？"N"的答案是"不好吃"。紧跟着"T"出场，寻找解决方案。"J"要求快点给答案，于是，INTJ人格的四个特质聚在一起讨论了第一套极简方案：把饺子皮在手心里压一下再包，压薄一点儿、大一点儿。

我马上把方案给大家，让大家尝试一下，果然有效。但是，皮有点儿硬，不好压。"I""N""T""J"四个特质又紧急开会，其中整合能力最强的"N"建议，把一摞饺子皮放到一起压，于是，我把一摞饺子皮搁到菜板上，再手压，问题马上迎刃而解，瞬间我们又厚又硬的小号饺子皮就变成了皮薄劲道的大号饺子皮了，一个小创新，让包饺子速度明显提升，父母、兄弟、姊妹全部加入包饺子，客厅充满欢声笑语。

饺子出锅时候的对比结果让"I""N""T""J"的四个特质都很有成就感，皮薄馅好的第二批饺子的口感瞬间提高50%。

搞清楚INTJ人群的创新机制后，明白了INTJ人群创新的四个点：

深度思考能力——I；

深度高效整合能力——N；

批量产生解决方案的能力——T；

时间压力下的高效互动产生创意的能力——J。

INTJ人群的创新始发于破框思维，"I""N""T""J"四个字母中，"N""T"是创新引擎，但是"I"却是创新的源泉，"I"是向内探寻的独立创意资源库，不依赖外界的给养，所以很容易从内在滋生创新。这和ENTJ人群靠团队共创激发创新形成鲜明对比，最典型的例子莫过于史蒂夫·乔布斯，史蒂夫·乔布斯的多数创意产生于独处和思考，不是团队共创的结果。

由于"I"的独立性，所以"I"很容易从内向外开始破框，通过内部的不断否定，不断破框尝试，实现向外生长。

举例说明：

2021年元旦前的整整一周我都在搞节后的培训课件，大纲是一个外国人写的，我要把大纲的内容如实反映到具体的PPT上。

跟着大纲走的这一周，真是痛苦万分，明明有现成的更好的PPT，却必须打乱拆零，去匹配这个大纲，而且，显见的是，我的PPT内容比大纲更有深度。

把PPT拆分、合拢，又拆分，又合拢，我这一周净干这些跑龙套的事了。

那天直到凌晨一点，情况仍然是一地鸡毛。

上床的时候，很绝望，不知道什么时候才能把这个艰巨的简单任务完成。

第二天早上起床之后，痛定思痛，调出最原始的完整的PPT，发现这套结构是最合理的。

早饭之后，打算抛弃那个大纲的约束，我说服自己：

（1）顺序不是最重要的，重要的是逻辑。

（2）按部就班不重要，重要的是条理分明，受众能听明白，能跟上你的思路。

（3）细节固然重要，但是和方向比起来，显然可以忽略不计。

扔掉这些条条框框之后，思路一下打开了。

上午花了3小时，基本上雏形具备了。

有点儿小小的感悟：INTJ人群不能被压迫，不能被框架框起来，当他们不能发挥自己能力的时候，大多数是因为能量损耗在和框架抗争上了。所以，如果你手下有个高阶INTJ人格的人，别设限太多，要相信他弄出来的东西，只会更好、更有深度、更有创意，而不会更差。

写完这一段，有点儿额外感悟：时刻保持对自己的洞察。对自己的洞察越深，才具备更深的对他人的洞察能力。

以上送给所有INTJ人格的人，祝你们工作与生活愉快、"无拘无束"。

12.2 破除条条框框的INTJ人群

INTJ人群具有沉静的思考力和敏锐的捕捉力,常年的"I"型思维沉淀下来的巨大知识积累常常使得他们在关键时刻脱颖而出。

INTJ人群把"E"人群用来社交的时间全部用来搭建内在的知识体系,这使得INTJ人群在需要的时刻,能自动将"I"和"N""T"整合成为一个自带引擎的搜索平台,快速构建INTJ人群内在的创新高速系统,并能让其随时打破常规、切换赛道、找到最佳路径。

举个例子:2019年,我公司装修新办公室的时候,前厅大概有10平方米需要铺大理石,装修公司的项目经理到建材市场跑了两趟,每次带来20多款大理石样品让我选择,但是都没有令我满意的。最后一次,仍然不满意。项目经理说:"Grace,你必须在这里面选一款,我逛遍了整个市场,把合适的都给您带来了。"

我一手拿着效果图,一边托腮思考,然后围着那堆摊开在地板上的大理石转悠了两三圈，手上拿着两块勉为其难的样品，沉吟了至少3分钟。

我的脑海中，"N"在整合碎片信息：整个市场逛遍了，没有合适的；"T"在快速推理，寻找逻辑上的矛盾和冲突；"I"在全程高速运作，给"N""T"提供养分；"J"在不断施加压力：不能再拖了，必须这周解决。

然后，眼前一亮，发现一个逻辑冲突点：整个市场？

这个突破点一经点破，INTJ人群四个特质合作，立刻给出了大数据统计结果，几乎是瞬间，答案就有了。

我扔掉两个样品，拍了拍手，对项目经理说："你离成功其实只有一步之遥。"

"啥！"我指着地板上的那些样品，问他，"这些样品的价格范围是多少？"

他说："450元/平方米。"

我说："你只需要跨出这个价格区间，到500元/平方米的区间去看看，应该很快就能找到我满意的大理石了，你来回跑了这么多趟，光是汽油费和人工费也不止1000元吧，每平方米增加50块钱，问题早就解决了。"

果然，每平方米增加了50元而已，下午他拿回来的样品，就已经非常令人满意了。

对于INTJ人群来说，洞察力源自"I""N""T""J"四个特质的内部整合，INTJ人群有着先进的信息检索系统，内在的算法很简洁，路径很短，所以，外部数据的瑕疵很容易暴露出来，只要找到逻辑上的矛盾点，INTJ人群就能在一群人中快速产生洞见，直接给出答案。

12.3　INTJ人群的自我破局能力

INTJ人群都是学习达人，他们通常能360度无死角地向所有人学习。别人用升维来打击，INTJ人群用升维学习别人的强劲之处，平维作为对标起点，降维以烂治烂，总之都可以学习。INTJ人群的学习视角是360度的，所以嫁娶一个INTJ人格的人，相当于嫁娶一个360度高能扫盲机。

比如收纳、美食、化妆和衣服搭配是我的痛点，当满柜子衣服不知怎么收纳、不知怎么搭配的时候，打开小红书，问题迎刃而解。

比如早年学心理学遇到卡点的时候，首先去找这个城市的心理咨询头部机构，在那里做了几个月的见习，读了很多弗洛伊德和霍尼的书，从此人际洞察力直线飙升。

别人是栽在痛点上，INTJ人群却能向内突破，在痛点上凤凰涅槃，通过痛点突破自己，羽化成仙。

若干年后，INTJ人群发现，原来每个痛点的背后，都藏着解锁一个独特能力的钥匙。当你玩转了痛点，就会越来越容易找到打开新世界大门的钥匙。

这是INTJ人群中经常有大咖和大神产生的原因。正如稻盛和夫所言，呵斥你的人，是你生命中的贵人。从INTJ人群的视角看，每一个呵斥你的人，都是带着一把钥匙来帮你解锁更高级的技能的，但是很多人受不了呵斥的所谓"屈辱"，放不下"面子"这张皮，拒绝了很多送到手的金钥匙，始终在"低维陷阱"里挣扎，因此无法长成参天大树。

作为环境中的突出物（或者凸出物），INTJ人群在场景中自带"破局光环"，无论是因为他们别具一格的思考路径，还是因为他们总能先人一步看见危机和机遇，或者他们总能脑洞大开找到解决方案。总之，INTJ人群有能力把稀缺的注意力资源吸引到对自己有利的方向上，助推自身向外成长。即INTJ人群无须启动烦琐的刻意关注程序，就可以直接走进数据控制中心，在毫秒间助推环境中最稀缺的资源完成对自己择定方向的自动关注。这种向外拓展和向外生长的能力，使得INTJ人群能通过认知重构收获"死党"，构建牢不可破的友谊。

有一次我们为一个领导力项目访谈了一个投资人出身的副总，三言两语话还没怎么接上，副总一句话就把注意力导向对我们的质疑上，他说："你们没做过这个非常细分的行业，我很担心你们能否抓住场景中的关键点。"

我敏锐地意识到，要么我被他修改程序，跟着他的步子，被他带进"低维陷阱"的坑里去，助推他完成"我们不胜任"的构想；要么我们先人一步修改他的大脑回路，把他的注意力导向对我们的信任。

意识到他的注意力导向可能会对培训效果产生极大影响时，我跳离了他设定的场景，不去回应他，不在设定的框架里回答问题，不在低维视角纠缠。而是打开高维视角，开辟一个新战场，我问他："你们公司的痛点是什么？能按照优先级排序把最需要迫切解决的三大痛点阐述一下吗？"

果然，在高维视角的带动下，他的注意力被拽到了新的场景中，开启了滔滔不绝模式。我全程认真倾听，一边回应，一边拓展自我、寻找切入点，并快速建模。最后，等他把三大痛点说完后，我针对优先级最高的"大项目无法一次交付"这个痛点，给出了一个诊断和一个系统解决方案。

对方几乎瞬间就被这个精准的模型吸引了。半小时后，随着访谈结束，对方的认知被重构，他也从质疑模式转频到粉丝模式，且在后续课程中，成为我们的坚定支持者。

总结下INTJ人群自我突破和认知重构的步骤：

（1）当对方的设定对自己不利时，不接话、不对视、不反驳，跳出对方的设定。

（2）启动破框思维——用微笑、反问、疑问、惊奇等方式，阻断对方在既有路线的滑翔，把他带进对自己有利的高维设定中来，譬如新场景、新理念。

（3）在新的场景中，找到一个自我突破口，展现专业度和胜任力，带动对方的认知升维。

（4）把对方的注意力导向到自己的胜任力上，一步步消弭对方的质疑，淡化对方的挑战，把质疑变成追随，在高维场景中实现自我突破，构建自己处理复杂问题的能力。

外表很严肃的INTJ人群，实则是破局维度打开最彻底的人群，他们能始终如一地对批评保持赤诚、对未知保持好奇、对模糊保持宽容、对不确定保持探索，这使得他们能不断向内突破、向外成长。

12.4 INTJ人群的拼图能力

INTJ人群的创新思维和破框思维都和他们的拼图能力有关，因为只有了解全局才知道问题根源和突破口在哪里。

很奇怪，INTJ人群天生具有拼凑细节形成大图的能力。

比如有一次我在办公室，看见两个下属互相看对方一眼，就这么一个小小的动作，我马上就敏锐地感知这两个人走得非同寻常的近。1个月以后，我的拼图能力得到证实，果然，两人之间已经发展成恋人关系。

INTJ的拼图能力使得他们对事态发展的趋势有着极强的预测能力，常常凭借只言片语，就能勾勒故事全貌。就像素描大师，看你几眼，刷刷刷几笔你的轮廓就跃然纸上。而这几笔，就是拼图能力的关键：快速而准确地抓取事件核心特征的能力。

20来岁时，我就能预告老公的来电：和我在一起时，他的手机一响，我就能根据来电时间、问候语、语气和微表情这几个要素，对来电者猜个八九不离十；我打电话给老公时，能通过他的语气和周围的氛围判断他周围的场景。

尤其是他打麻将，或者和异性在一起时，我总能不费吹灰之力拆穿他的谎言。有一次我说，你没在打麻将，你和××在你车上（显然这个××是异性），他吓了一跳，以为我在跟踪他。

或者他打麻将的时候不方便让我知道，躲在厕所接我电话时，那种压低嗓子，唯恐有人冲水的紧张感透过声音传递过来，我就好像身临其境一样。

老公对我的直觉很头疼，有时也很佩服，当然，佩服是因为我时常能提前预警他的商业伙伴的一些行为，譬如违约行为、诚信问题等。

很奇怪，我并不了解他的商业伙伴，但是却能凭他带回来的关于他们的片言只语对他们的行为做出准确的判断。

面试新人时，我很少说话，听得多，看他表演多。有一次面试一个很有经验的熟手，专业力和销售力都很棒，但是，凭他说的片言只语，我就能勾勒出他有诚信问题，然后就往深里那么一问，果然，半小时后他打电话来，说自己的文凭是假的。

我一直很好奇，是什么样的机制让INTJ人群变得像个算命先生一样。

后来，我发现是"N"在起作用，"N"的思考路径和"S"不一样，在我们所处的环境中，"S"型思维的人居多，"S"型思维的人习惯于从细节着手，再慢慢过渡到全局，就像老师讲课大多数也是先局部，再全局。而典型的"N"型思维的人则需要先构建全局，才能进入细节。在这种思维模式下，"N"型思维的人常年都在拼凑细节，穷其一生都在拼大图，长年累月地拼下来，就有了固化的经验，形成了内在的套路。

加上"T"的提炼萃取能力很强,使得"NT"功能组的人都擅长拼大图,他们会根据内在的大数据经验,把一些看上去零散的碎片拼在合适的地方,最后形成一幅逻辑通顺的完整画面。

而无数成功的案例又强化了他们的这个特质,所以,只要有"NT"人群在的办公室,就好像有一个360度无死角的广角摄像头,能把碎片拼凑成完整而有逻辑的画面。在"NT"人群的眼里,很多人是透明的,没有秘密。

INTJ人群的拼图能力赋予他们极强的趋势预测能力,对INTJ人群来说,任意场景、任意事件的发展趋势,都由若干关键要素构成,抓住了这几个要素,就抓住了事情的脉络。而INTJ人群天生是抓主要矛盾的高手,无论做什么,都能抓住核心要素。当核心要素逐一被识别出来之后,由要素构成的趋势图也一并出来了,所以INTJ人群总是能精准预测趋势,并据此拟定战略规划。

所以INTJ人群对冗长的叙述没有耐心,对废话的容忍度很低,对要素含量过低的沟通充满厌倦和敷衍。INTJ人群喜欢三言两语抓取要素,分秒之间构建全景,数个回合之间洞察真相的那种简洁、准确和直达核心。

12.5　INTJ人群的战略定力

战略定力，就是不被他人的成功、失败所定义，不被套路、不被带节奏的定力，即不屈从普世的价值观，坚持自己的价值判断，不受外界影响，跟随自己的节奏，相信自身的判断，构建自己的成功标准的能力。

譬如，中国超导的领军人物——西部超导的创始人张院士，19年来一直坚持"国内空白，国际领先"的战略定位，坚持做国家所需的自主研发，不做短平快的商业项目。数次帮国家打破国外垄断，突破技术封锁，解决了许多"卡脖子"难题。他重新定义了成功，所谓成功，并不是挣了多少钱，而是帮助国家解决了多少"卡脖子"难题，能多大程度上为国担当。

INTJ人格是MBTI® 16型人格中最有战略定力的人格，它源自INTJ人群天生的独立性、深邃的思考力和锚定未来的前瞻性。INTJ人群的战略定力和INTJ的执念相关，高阶INTJ人群有着做一件事成功一件事的强烈动机，不管他们选择了什么，都会深入其中，专注而聚焦。

如是，INTJ人群会花很多时间做选择，他们通常对单纯的薪资不感兴趣，觉得技术含量太低、段位太低，无法带来成就感。所以典型的高阶INTJ人群都有职业歧视，譬如他们不会艳羡一个年入百万的卖包子或者卖啤酒的人，却会对那些能填补国家行业空白的技术大神充满崇拜。

INTJ人群的自驱力并非源自高收入和高社会地位等外界奖励，而来自高成就感。INTJ人群有自己内在的人生价值考核系统，一个典型的INTJ人格的人或许会认为，无论在什么情况下，一个人都应该选择和自己的能力、才华及受教育程度相匹配的工作。因为行为塑造心态、工作塑造人格，而低就的工作不仅降低了收入，也会导致视野、格局、心态和价值观的系统性降维。

INTJ人群通常三观很正，做事的准则很高，所以他们选工作会首先看这个工作中与之打交道的人，而非薪酬。如果一份工作中要打交道的不乏坑蒙拐骗之流（譬如一些P2P融资平台等），则鲜少有INTJ人群涉足。INTJ人群不愿为了挣钱而失去清朗、明媚、坦诚和正直，所以甚少涉足灰色行业，即使再挣钱也不去，免得为了几两碎银失去对人的信任，或让自己的为人处世的格局染上不信任和被怀疑的猥琐感。

反之亦然，INTJ人群会认为，工作如同婚姻，结伴相行的人要气味相投，价值观的层次要吻合，否则，不可贸然同行。固然，价值观无对错，但在INTJ人群看来，价值观必有高矮之别，否则何来"夏虫不可语冰，井蛙不可语海，燕雀安知鸿鹄之志"之说呢？

所以，他们会精心挑选一个高附加值且有相当技术含量的赛道（如果有一天他们对挣钱感兴趣，觉得挣钱是有技术含量的赛道时，他们同样也会做得风生水起），这是INTJ人群无法逾越的价值观"瓶颈"，也是很多研发类公司能用相对低廉的价格找到INTJ人格的研发大神的原因。

一旦INTJ人格的人上手一个项目，就意味着他的精力全部转向到怎样出结果上面去了，除非外部环境发生剧烈变动，典型的INTJ人格的人很少会中途撂担子走人。但是，如果项目结束后，没有新的项目进来，INTJ人格的人才可能会在空窗期流失。

为了减少外界干扰，INTJ人群在社交、择友等维度上的标准都很高。并非什么活动他们都愿意参加，INTJ人群对肤浅的娱乐、没有心灵连接的团建是回避和排斥的。也并非谁都能和他们成为朋友，他们的择友标准严格，终生固定几个好友，聚会频率很低，维持在基本线左右即可。

简言之，摈弃了大量的人际互动和无效社交的INTJ人群，在内在情绪的稳定性上远高于外倾型人群，他们能专心致志地搞研发，很少受外界干扰，极少被外界诱惑（外界能对他们施加诱惑的机会也很少）。

在研发攻坚路上的高阶INTJ人群，有着强大的心理定力，坚持自己的方向，专注忘我地做自己想做的事情，无暇向他人证明自己。不管遇到多少困难，他们都能笃定前行。

第十三章

INTJ群体的攻坚特质

当INTJ人格的人从一个难题的解决中脱颖而出的时候，他就把所有和这个难题相关的领域都啃了一个遍，其知识体系越来越完善，攻坚平台也越来越厚实。

13.1 事缓则圆：每逢大事有静气

如果说INTJ人群身上有什么令人望尘莫及的特质，使得他们总是在攻坚环节脱颖而出，我想，应该是他们身上那种面对危机却能镇定自若、气场全开的心性，以及被逼到死角却能绝地反击、绝处逢生的智慧。这也是为什么高阶INTJ人群总是随时自带强大的临场发挥力和瞬时反应力的原因之一。

INTJ人群是个复杂的矛盾体，有着两极分化的矛盾特征。INTJ人群的阴面充满了急躁和不耐烦，每每为事情推进缓慢而着急上火。然而事急则变，越急越容易出错；事快则躁，越想快速推动事情，越是容易心浮气躁、错漏百出。INTJ人群的阳面则是面对冲突和挑战时的临危不乱，静而有序。静，体现在大事面前，定而生慧，能稳准狠、速战速决地搞定问题。这也是为什么那些平日里磕磕绊绊的INTJ人群总是能渡过每次危机、每场"战役"，或每次攻坚脱颖而出的原因。

这种不稳定的特质伴随INTJ人群的一生，使得INTJ人群的修身养性有别于其他人格类型的人群。INTJ人群的修身养性无法寄托于莳花弄草，或书法茶艺。他们的修炼场在一线，在攻坚现场。他们通过挑战难题、战胜困难修炼心性、打磨定力。

有一次领导力培训的学员来自央企，世界500强的企业。可能是培训太多，倦怠了，一群课堂老油条，开课迟到，玩手机，上午9点培训开始时只来了一半的人。无奈，只好走了一条反常路线，先不讲课，而是让他们用了整整1小时吐槽，吐了8张白板纸那么多的槽，从工资到环境，无论如何，他们都不满意。

最后选了一个吐槽爆点：工资低。

针对这一点，我来了一个惊艳的开场白："既然嫌低，为什么还待在这里？如果你真有这个心态、能力和职业素养，难道你现在不该待在华为的课堂上吗？"

然后我撇开所有课程规划，和他们聊了半小时关于工资这档子事，不得不说，作为一个外人，当我告诉他们以他们这样的心态、能力和职业素养，怕是到华为去垫脚人家都嫌硌脚的时候，他们还是有几分惊愕的。

奇怪的是，明明被我强烈鄙视了一通，到了下午，上午缺席的人却把培训室坐满了。课程结束时他们对我的课程评价为100%满意。

那天，S问我，怎样提升自己的即时反应能力？她的老板是个外国人，每次气场全开启动质疑模式的时候，S说自己就像哑火的炮仗一样，明明什么都知道，却嗫嚅着，吭哧半天说不出来。

我想，INTJ人群的即时反应能力首先建立在面对棘手现状的变通能力，逢山开路、遇水搭桥的强大自信，以及每逢大事有静气的心性之上。这些能让INTJ人群的言行、举止、语气和语调，处处透出不容置疑的自信。在这种需要即时反应的场域中，INTJ人群能回归高通量心流状态，能厚积薄发、快速整合，形成震慑人心的全套组合拳，一如他们在攻坚进入深水区时的卓越推动力。

而变通和定力往往是相辅相成的，古语曰："大事要静，急事要缓，难事要变，烂事要远。"大事当前静一静，思虑周全，方能从容应对；急事当前缓一缓，沉下心来慢慢来，才不易出纰漏；难事当前通融屈伸，主动变化，动态调整，方能行稳致远；烂事近身当断则断，远离是非，方能气定神闲。

INTJ人群应对大事、难事和烂事，功力深厚。但是应对急事，尚需修炼心性、磨炼耐性。对INTJ人群来说，快就是慢，慢就是快，"事急则变，事缓则圆"，条件不成熟时，过于急迫推进事情，欲速则不达，反受其累。改掉急躁这一点，INTJ人群身上就有了真正的大家风范。

13.2　迎难而上、无往不胜的攻坚力

对于很多35岁以上的INTJ人群来说，他们身上最"贵"的能力就是攻坚能力。贵，是因为稀缺。

攻坚，用通俗的话说，就是啃硬骨头、向难而行，特指花大力气去破解研发、生产或者管理上的难题。大多数人面对困难会选择后退、放弃、拖延、躲避。真正能迎难而上挑战难题的人仅占总人口的1%，所以这种能力非常可贵。

INTJ人群是内循环发展的典型人群，由于社交能力发育迟缓，多数INTJ人格的人在前半生的大部分时间，在向外求助并整合资源方面都显得很木讷，只能去构建内在的全产业链，就像今天的中国一样。

所以INTJ人格的人几乎是碰到一个难题，就去研究一个专业领域。他们会不断从各个维度去撬动这个难题，像探险家一样研究很多相关领域，打开一个盲盒，找到里面的按钮，按一下，哗

啦又打开另一个盲盒，掏出里面的黑匣子，又出现了一个新的黑匣子。

所以，当INTJ人格的人从一个难题的解决中脱颖而出的时候，他就把所有和这个难题相关的领域都啃了一个遍，其知识体系越来越完善，攻坚平台也越来越厚实。慢慢地，有一天他发现，自己的攻坚平台神奇地实现了化学融合，各领域、各专业的东西慢慢一点点连接起来了，INTJ人格的人一点一滴构建起来的这套独特的全产业链系统开始形成闭环，一旦首尾搭接，INTJ人格的人就开始变得非常厉害，他们能依靠内在的攻坚机制解决很多跨专业、跨行业的难题。

比如2020年的抗疫英雄陈薇院士，在短短几个月内，带领团队研发出全球首款新冠疫苗。她的攻坚能力可追溯到2003年的"非典"疫情，在那场生死赛跑的战役中她一战成名，只用了50天就研制出疫苗，使1.4万医护人员无一染上"非典"肺炎。2014年非洲埃博拉疫情暴发时，她远赴非洲，带领团队再次研发出全球首个埃博拉疫苗，破解了世界性难题。一次次成功，早已打通了内在的攻坚平台，使得她每次出马都不负众望。

INTJ人群独特的向内整合资源的特点，使得他们习惯了向内去找答案，这种特质使得他们成为各种攻坚口的权威。一个成熟期的INTJ人格的人，即使面对完全的未知，他也会笃定地告诉你，该朝哪个方向努力。不管遇到什么难题，他都能找到答案，即使一时半会儿找不到，你也可以信任他，因为他一定会找到。

比如"歼8之父"顾诵芬，在极其简陋的条件下，攻克了系列航空关键核心技术，建立了中国自研飞机设计体系，创建了战斗机喷流影响试验方法,成功研制了歼8飞机,结束了歼击机进口依赖。为解决歼8跨音速飞行时抖振的难题,他三次冒险乘机近距离观测,终于找到症结,并通过技术改进成功解决问题。无论何时何地,有他在,就没有解决不了的问题。

  随着国内研发大环境越来越好,INTJ人格的研发天才们也越来越趋向于年轻化,很多高端人才的攻坚能力甚至在20岁出头就已经完成初步构建,其潜力惊人。

13.3 从0到1的破局者

MBTI®的16种人格类型人群,每个人格类型的人群都有自己的破局手段和方法。"NT"人群擅长创新性破局;"NF"人群擅长氛围破局;"SF"人群擅长体验感破局;"ST"人群则擅长流程再造。

彼得·蒂尔在他的《从0到1:开启商业与未来的秘密》一书中,剖析了1999年PayPal(贝宝)的6个创始人(其中一半是INTJ人格的人),以及他们身上的极端特质——很多互相排斥的特质:比如既贫穷,又富有;既愚不可及,又魅力四射;既是局内人,又是局外人。

INTJ人格类型是互相排斥的极端特质的人格代表类型,一方面,INTJ人群是从0到1的先行者;另一方面,INTJ人群是流程规范的坚定践行者。INTJ人群的创新破框,需要运用被检验过的认知框架来处理新信息,同时摈弃对破局有排斥反应的既定思维路径,INTJ人群常常能在互相排斥的两极中精准地找到平衡点,并在冲突和撕裂带来的亢奋状态中,挖掘灵感,快速做出推论。

两极冲突带来的能量损耗很高，也对INTJ人群的内在"芯片"的运行速度和兼容性提出了很高的挑战。所以INTJ人群的能量储备、心理韧性和心理带宽都比其他人格类型的人群高。什么叫心理带宽？我写了一个定义，就是内在整合资源，形成逻辑推理，进行分析判断的速度，以及多维度情感的整合运行速度。

互相排斥的极端特质使得INTJ人群呈现出较高的攻坚爆发力，尤其在时间紧、任务重、千钧一发之时，INTJ人群的两极整合能力使得他们能在分秒之间拿出解决方案，在困境中快速破局。

譬如，有一次我给纽交所上市的一家光伏企业做管理咨询，客户方老大想在高管团队践行"领先者的挑战与突破"，这是一个崭新的课题，没人讲过。承接方很头疼，电话打过来的时候，我刚下飞机，在出租车上，边听她讲述需求，边快速整合既有框架，然后突破所有的既定框架，口述了一个崭新的大纲让她写下来。结果这薄薄一页纸的大纲，帮承办方赢得了这个大客户。

INTJ人群的破局天分藏在他们独特的互相排斥的特质中：很多INTJ人格的人有时候看起来很笨拙，但是另一些时候他们呈现出惊人的敏捷特质；有时候他们笨嘴笨舌，但是突然之间他们又能变得口若悬河。这种相互排斥的两极碰撞会释放大量能量，带来创新和突破，也会给INTJ人群带来极速成长，INTJ人群是内在冲突助推快速成长的典型人群。

在攻坚卡点的各种场景中，INTJ人群都能通过超高速的心理带宽，在两极体验的冲突中，敏锐地捕捉到机会，找到薄弱点，并击破薄弱点，带动整个攻坚难题的解决。

大多数人的一生都卡在卡点上，两手一摊，没办法，或者要资源，等救援。INTJ人群从不推脱，不等救援，而是自己找资源、想办法。当遇到卡点要做决策时，INTJ人群从不追求一次到位，而是立足现状，找到当前阶段的全局最优解，果断决策，快速试错，依靠错误本身的即时反馈，就地调整，敏捷推进，从不在卡点上纠结。

所以，只要有INTJ人格的人，就一定有办法；只要有INTJ人格的人在的地方，就有从0到1的突破。

13.4　一直被模仿、从未被超越的原创力

米哈里·希斯赞特米哈伊在他的开创性著作《创造力：心流与创新心理学》中说："创造性源自不遵循相关领域的既定标准。"这个定义很合INTJ人格的人的心意。譬如，屠呦呦的青蒿素研发，改变了既有世界的提纯方法，才诞生了青蒿素。譬如，华为的光伏逆变器，采用在线远程监控，把以前十几人管一个电站，变成十几人管十个电站，大大提高了运维效率，让华为短短3年就做到光伏逆变器行业出货量第一。

有一次给一家快速发展的无人机制造企业做中高层领导力培训，其间问了他们一个问题，你们快速崛起的秘密是什么，一个学员响亮地回答："一直被模仿，从未被超越。"

如果把这家公司拟人化，我觉得他具备INTJ人格的人的多维度人格特质，尤其是他的原创力。

岸见一郎、古贺史健在其图书《被讨厌的勇气》中，讲到公

元前4世纪的马其顿国王,在远征波斯领地的时候,看见前国王捆在神殿柱子上的战车。当地流传:解开捆绑战车之绳的人就是未来的亚细亚之王。很多高手前往试图解开,但都失败了。

马其顿国王看了一眼牢固的绳结,连解开的念头都没有,就直接取出短剑将其一刀两断。接着说:"命运不是靠传说决定,而要靠自己的剑开拓,我不需要传说的力量,而要靠自己的剑去开创命运。"最终他破框而自成体系,成为统治整个中东及至西亚全域的亚历山大大帝。

不在别人的规则里解绳子,而是挥剑断绳,破框而出,重新制定自己的标准和规则,这就是INTJ人群的原创力。

《天资差异》一书中对INTJ人群的原创力进行了描述:"(他们)对开拓创新的兴趣远大于在既定框架下按常规惯例出牌的兴趣[①]。"

那天,一个颇有天赋的前下属给我留言:"Grace,我让你去找市场和数据支撑的热点,让你招行业大咖,结果你就是不追热点、不招大咖,你这样怎么做得起来?"

我笑着回应他:"我觉得我能做起来。"

其实,我有自己的价值观:

第一,我不跟跑,而是要创造,要制定标准,让别人来跟随。我要制造热点,而不是到处蹭热点,我对蹭流量没兴趣。

第二,我不招留不住的人,也不招脑门上写着钱、钱、钱的

---

① Isabel Briggs Myers with Peter B. Myers,"GIFTS DIFFERING:Understanding Personality Type",1995.

人，心态稳健的长期主义者才是我的"菜"，静水深流的人生状态才是我的追求。

INTJ人群的原创力不仅体现在他们的创新思维维度上，还体现在他们的创新价值观理念上，他们默认原创力才是创新的最高境界，不接受任何对原创力的概念偷换，这使得他们能守正出奇，即使在饱受质疑的环境里，也能坚守原创、不忘初心，通过锲而不舍的努力，取得创新成功，带动认知破框和认知升级。

所以，有一天给L公司讲人才的选、育、用、留时，我没有讲留人的技巧，而是讲留人的底层逻辑：当你有了批量培养人的能力时，你就不会被骨干离职所胁迫，走一个人，你分分钟能再培养一个人起来，只有这个时候，你才有了留人的底气和定力。

因为，只要源代码在你的手上，拷贝仅仅是时间问题。INTJ人群喜欢开发源代码，不喜欢去改写别人满是bug的代码。

同时，我重塑了人才流失的概念，每一次人才流失，都是人才更新的机会，除非你招不到更好的人，才是人才流失，如果你能招到更好的人，就是人才升级，正如婚恋中除非你找不到更好的，才叫失恋，如果能找到更好的，那叫婚恋升级。

第十四章

怎样培养INTJ群体的攻坚力

INTJ人格的人的成长没有捷径,就是把每件小事做到极致。要培养这种极客精神,首先要把眼前的3件小事做到极致,3件小事积累起来的极致感,内化成"凡事追求卓越"的核心竞争力,就足以让很多人用一辈子去超越。

14.1 3个最佳,铸就卓越

很多学员十分好奇,那些厉害的INTJ人格的人是怎么把超强攻坚力淬炼出来的,自己要怎么做才能变成大牛。

其实INTJ人格的人的成长没有捷径,就是把每件小事做到极致。要培养这种极客精神,首先要把眼前的3件小事做到极致,3件小事积累起来的极致感,内化成"凡事追求卓越"的核心竞争力,就足以让很多人用一辈子去超越。

很多年轻的INTJ人格的人瞧不起简单的东西,他们不知道,越是简单的东西,其实越蕴藏着无穷智慧。大道至简,大爱无痕,其实都是一个道理。细节打磨从点滴开始,持续优化从局部出发,小事做极致,成就大事业;糙事做深入,铸就大格局。

中国新冠疫苗的核心研发人员赵振东教授,一直狠抓阅读文献这件"小事",时刻和他的学生说"不读文献做不好科研"。他的实验室里、家里床头上、餐桌上、卫生间里、沙发上,到处都是文献。据此他掌握了大量国际前沿研究成果,他的知识体系早已连点成线成为一个厚实的攻坚平台。在新冠肺炎疫情暴发后短短半年间，赵振东就带领团队没日没夜构建了新冠病毒复制子体系，为抗病毒药物的高通量筛选和评价提供了安全有效、可替代活病毒的重要工具。赵教授生前经常说，"我就是一个做科研的率真农民"，他是泡在文献里的"科研农民"，用农民的精神把一件小事做到极致，铸就了一个平凡人的不平凡。

职场无小事，每天迟到10分钟，连续3天，就足以失去职场转正、提拔的诸多机会；反之，即使给朋友买礼物这么小一件事情，追求极致的人也会用心挑选，买到对方心坎儿上。请客户吃饭，也会用心挑选性价比最高的餐厅，定在靠窗的最好位置。即使陪孩子写作文，也要花时间去修改、反复雕琢作文，帮孩子拿到人生中的第一个满分（或高分）。

当你经手的每件事都让人赞不绝口的时候，你的靠谱IP就自然构建起来了，来自他人的尊重、好感、影响力就会自然产生。你再去做事，就比别人容易很多，因为有了口碑，人人都愿意帮你。

3件小事，构建一个人的能力底盘，当你的底盘比别人高的时候，你就能轻松跨越让他人翻船的坑坑洼洼，背后的原因无他，就是你靠3件小事积累的洞察力、比选能力和判断力都胜人一筹。

看上去是小事，但是背后的底层逻辑是一样的，就是"思考+优化"。事无大小，背后的精神特质是一样的，就是能把任何事情做到极致的执念，也叫极客精神。

品味过极致的人，通常看不上平庸者做的任何一件事。有些人，即使点菜，我都嫌他点的又贵又难吃；即使一张PPT，我只要瞟一眼，就知道他的标准（高线和底线）在哪里。底线太低的，在高阶INTJ人群的眼里，就是"不行"。

敷衍，只需一次，就把人的执念破坏了，你就不再上心那件事了，然后，卓越就离你越来越远了，最后，你的"不行"就变成了别人嘴里的"不咋样""不太靠谱"。小事修炼心性，才有大事让你担当的机会，小事都搞不定，没人敢重用你。

一个朋友生完孩子回来上班，发现自己不再是大区经理了，这个职位已换人，看她心情沮丧，我就想帮她。和她聊过才知道，原来因为婆婆要提前回家照顾生病的公公，她不放心把孩子交给保姆，产假结束后又多请了15天假。

她的领导对她说："自己的事情都处理不好，怎么带团队？我知道生孩子不容易，也不是一件小事，但是，公司这边几千万的业务在等你回来处理，结果你家里那边又发生了小状况，我想问问，你公公生病也不是一天两天，你100多天产假干吗去了，为什么不提前安排好？说好的产假结束即刻返岗，说的时候信誓旦旦，临到头来，就这么点儿事，说延期就延期，那我还敢相信你吗？"

朋友没想到延期15天这么一件小事，会导致这么严重的后果，她反复强调真的没办法。

她的领导接着对她说："如果你觉得这件事很重要，就不会没办法。你家里有保姆，无非找个人盯一下，婆婆不行那妈妈行吗？妈妈不行那哥哥、姐姐行不？你是管理者，你的担当是多维度的，担子压下来，就得扛起来，扛不起来就只能换人扛。"

职场无小事，每一个小事的背后，都藏着大格局、大担当。

小小最佳，叠加起来就是卓越。我们所处的世界，卓越者的比例很低，不到10%。所以，选人时看他是否有兴趣把每件小事做到最佳，如果连续3件都能做到最佳，那么这个人就有极客特质，可堪重用。

14.2 跳出能力陷阱，打造高绩效攻坚团队

INTJ人群的能力陷阱包含三个维度：

一是INTJ人群瞧不上其他人做的活儿，总是推翻重做，导致事事亲力亲为，最后陷入"一个人一支军队"、自己就是最强狙击手的团队发展怪圈。且越能干越嫌弃他人成果，干脆什么都自己来，掉进"大树底下寸草不生，团队成员没有成长机会"的能力陷阱中。

二是越来越强的INTJ人群慢慢构建了一个强大的解决难题路径库，任何难题到了这里都能迎刃而解，于是吸引越来越多的难题。几乎每个INTJ人格的人都是小圈子里的"知心姐姐"，或疑难杂症的终结者。这导致INTJ人格的人产生"难题依赖"，需要越来越多的"难题"来支撑膨胀的成就感，但是却剥夺了下属解决难题的机会，使下属的攻坚能力停滞不前。

三是过度卷入、时时冲锋陷阵在一线的管理风格剥夺了INTJ

人群"隔岸观火"的从容和淡定，导致其被一城一池的得失裹挟，被局部成功或失败搅扰，起心动念之间，失去洞观全局的审视。

在能力陷阱的加持下，INTJ人格的人慢慢就把自己变成了各个尖端领域的大拿，据《天资差异》的统计数据，77%的科学家是"NT"人格的人，其中多数是INTP人格和INTJ人格的人。

越是进入这种全科通、路路通的状态，INTJ人格的人解决问题的能力就越是强大，一触即发。最后，这个强大的解决难题路径库就拥有了无法比拟的优势，限制了难题被分发到其他地方的可能性，阻碍了团队构建全域胜任力的机会。比如2021年薇娅和李佳琦几乎垄断了某宝直播业务，随着头部主播地位的确立，80%的流量涌向他们。然而头部效应越明显，整体效能越差，其他主播几乎没机会分享快速增长的流量财富，造成了一两个人是赢家，其他人都是输家的局面。团队成员一路陪跑到终点，却一无所获，没有成长、没有参与、没有成就感，最终激情消失殆尽，队伍就散了。

INTJ人格的人越是遥遥领先其他人的时候，能力级差就越大，就越难在团队中构建这样强大的全科能力。所以INTJ人格的人很难培养自己的后备团队，因为自己要培养的几乎是全科高手，而且要跨越若干级差，这种难度足以让下属望而却步。

于是，就变成了所有的胜任力都在INTJ人格的人的脑子里。平台成就了一个人，却掏空了自身。而能人一旦离职，就带走了流量和胜任力，留下一地鸡毛。

能力陷阱带给INTJ人格的人的启发就是不要过度依赖自己，

不要把自己培养成一支军队。因为自己即使再能干，充其量能把事情做到200%的效果，但是一个团队，依靠大家的合力，却能把事情做到N倍的效果。

INTJ人格的人需要谨记：没有任何个体可以承担一个大项目的攻坚，即使你再能干，都需要一个紧密配合、无缝衔接、胜任力均衡的团队。

为避免掉进能力陷阱，INTJ人格的人可以从自己开始，着手去核心化。可以把自己的全科能力分解成单科独立的能力，然后把关键点梳理出来，一门课一门课地进行辅导培训，利用团队的力量达成自己的目标。

同时把自己的经验萃取成可以拷贝的标准化动作，复制给其他人，就像各攻坚口的领军人物一样：萃取—标准化—复制，让优势在体系中开花结果，让大家互相依赖、共同成长、共同进步，唯有如此，才能打造一支具备超强攻坚力的团队。

14.3 构建当机立断、临危不乱的救场能力

领导们都喜欢把挑战的任务交给INTJ人群，因为INTJ人群不挑活儿，没有条件创造条件也要上。

INTJ人群的救场能力和稳健厚重的老中医有得一拼：他们总是能把别人搞砸的项目摆弄好，或把别人讲烂的课堂拉回正轨，或把别人得罪的客户安抚好，等等。

无论在哪里，INTJ人群总有本事把自己变成解决问题的中心位人选，INTJ人群也很享受这种为他人排忧解难后被他人仰慕的感觉。比如我数次把其他老师搞砸的课堂救了回来，让兴致索然躺平在椅子上玩手机的学员们听课听着听着就站了起来，然后淡定地、傲娇地等着HR来追着我去救场。

INTJ人群的救场能力和自身的丰富资源密不可分，"I"特质经年累月构建的强大信息系统和知识架构使得INTJ人群知识丰富、存储深厚，是一个"资源大国"，因此INTJ人群总是能依靠

自身的力量解决问题,很少向外求助。加之INTJ人群的即兴能力很强,总能在危急关头找到解决问题的答案。

比如,2022年在辅导一个领导力课题小组时,我问到一个竞品的关键利润率数据。

组长告诉我:"这个数据拿不到。"

我说:"找市场部拿。"

他说:"市场部说数据保密,不给。"

我说:"行业公开的大致利润率也可以。"

他回答:"这个我也不知道。"

意识到自己问错了人,我让与会者全部开麦,问:"其他学员有知道的吗?"

很快,一个INTJ人格的学员给出了数据。

INTJ人群就算没有资源,也会创造资源搞定一件事。他们很少会说"我不知道",一件事情如果没尝试3次以上,INTJ人格的人是耻于说搞不成的。对于3次以上重复"我不知道"的同事,INTJ人群会直接把他们边缘化,去找能解决问题的人,所以INTJ人群总是能把事情做成。

这个特质为INTJ人群赢得了很多临危受命的机会,也让INTJ人群有了很多被看到的机会,同时也给INTJ人群带来了很多偏财,所以INTJ人群的口袋里总是丁零当啷地响,还真是不差钱。

但是心性傲娇的INTJ人群从来不屑于利用这些机会,或者说他们尚未构建足够的认知去把握这些机会。INTJ人群一生中会和很多机会擦肩而过,或者说,他们面对机会时下意识地侧身而过,使得他们错过很多机会,又或者,INTJ人群一生都在等待一个大机会，放过无数小机会只为最终能遇到"真爱"。

用一句话来解读：INTJ人群的心智模式在于根据"已知"解决"未知"的能力。"已知"越大，INTJ人群的CPU内处理器的运行速度就越快，则处理难题的产能就越大；产能越大，吞吐量就越大，则气场就越足。有些难题只需气场到位，无须解决，就化解于无形了。

"I""N""T""J"的几个字母组合经常让我产生密室逃脱的既视感、画面感，用可视化的语言阐述INTJ人群的破局（或救场）很有趣："N"在密室里审视全局后找到破绽，"T"从"I"的资源库里拿出工具戳破破绽，"J"用最快的速度带大家逃离密室。

身边有一个大气浑厚的INTJ人格的人是一生的幸运，他们营造的场域总是干净、空明、澄澈，让你心无旁骛地在精神气爽的场域里驰骋，没有争权夺利，没有钩心斗角。

如是，INTJ人格的人怎样才能构建这种临危不乱的救场能力呢？

第一步，深入项目，了解每个步骤，时时与项目进展保持同步，并能洞察项目进展中的关键点。集腋成裘，聚沙成塔，每天洞察一点点，逐步构建成系统性的掌握。

第二步，练就千钧一发的定力。某次高管对话中，新和成公司的董老师讲了他亲身经历的故事，在化工厂爆炸即将发生的千钧一发之际，他沉着冷静地指挥下属关掉阀门，扑灭了明火。这个千钧一发的定力是基于对危机的深刻洞察，对现场深度了解以及对时间点分秒不差的把控。

第三步，时刻总结，不断萃取，不断建模。唯有模型才能把一个个复杂工艺变成一系列标准化流程；唯有模型才藏着用重复的手段解决未知问题的智慧。可以把救场模型制作成大脑里的一款应用程序，让那些连续的动作、彼此关联的知识网络和即时反应的思维模式，变成一个有意义的整体在大脑中落地生根。然后把该模型的适用场景制作成一个个检索词条，训练自己在不同场景下应用，就像飞行员训练一套方法在不同场景下应用一样。帮自己打通从已知到未知的路径。

兵法有言："兵马未动，粮草先行。"欲行大事者必先有洞观全局的审视、不畏浮云的睿智、当机立断的果敢、敢为人先的智略，这就是INTJ人群救场必备的核心胜任力素质模型。

14.4 制心一处：一念执着，披荆斩棘

"执念"原为佛教用语，指对某一事物抓住不放，不能超脱。它的正面是认真、坚持、坚忍；反面是较真儿、认死理儿、钻牛角尖。藏传佛教为了去除反面"我执"，有个修行方法：僧人在巨大的沙盘上用五彩细沙画坛城，历经数周或月余，好不容易画完，却在简单庆祝后用手把画轻轻抹掉，用以破除千辛万苦成功后的执着心态。

这个修行方法和INTJ人群的执念管理有异曲同工之妙，高阶INTJ人群的执念管理包含三个维度：达成目标的果决和坚守、遇到困难不轻言放弃的毅力、成功后不忘初心的砥砺前行。它管理的是做事标准和面对成败的得失心态，是念起念落之间的敏捷选择。既有"一念执着，披荆斩棘"的坚忍，更有"一念放下，海阔云天"的了悟和智慧。有过执着，才能放下执着，秉持初心，重新出发。

那天我给一家即将IPO的高潜药企讲课，课间和INTJ人格的投资人聊到IPO，他已经成功地把三家医药"小巨人"带到了IPO阶段。

我问他："成功把三家医药'小巨人'带到了IPO阶段的关键是什么？"

他说："是执念，把事情做到极致的执念，或者叫极客精神。"

让他进一步解释，他说："长期坚持做一件事，并且坚持做到极致。不轻言放弃，即使一路艰辛，不做到极致不罢手。"

2022年7月，在我与新和成公司的小胡总进行的现场高管对话中，小胡总回忆创业起步，当时接了一个千万大单，足足弄了3个月，起早贪黑，每天加班到凌晨3点，却卡在研发的生产放大环节，始终没搞定。

我问："有没有想过万一弄不出来怎么办？"

小胡总笑了，说："没有。当时脑子里只有一个念头——'怎么弄出来'，这个一定要弄出来，也必须弄出来！"

我笑问："那最后到底怎么弄出来的呢？"

小胡总说："就是每天都在琢磨，不断实验。终于有一天，有一点突破了，兴奋一阵儿，过几天，数据又不好，又不断调整。有时候趴在设备上，一趴就是五六小时，完全忘记了时间的流逝。每天做完实验回到家里都凌晨两三点了，洗澡以后坐在盥洗室的浴霸下，不断琢磨，熬过一天又一天的至暗时刻。突然有一天，实验数据改善了，越来越好了，终于就突破了。"

高阶INTJ人群遇到困难时，第一步，这个事情有难度！第二步，驻足，思考，怎样才能搞定这个难题？第三步，有了点儿思路，撸起袖子加油干！第四步，为什么卡在这里了，不行，一定要找到卡点。第五步，越难越有嚼劲，完全沉浸在难题里，哇（兴奋），终于找到原因了，我知道怎么做了。第六步，甩开膀子加油干！

然后，一道道难题就像一颗颗巧克力，含在嘴里慢慢融化的感觉，很美妙。高阶INTJ人群也在这个过程中，构建了独属于自己的心智模式，叫"迎刃而解"，即找到突破口，对准那个突破口，一鼓作气搞定它，让难题变成简单题。

所谓极客精神，就是从一点一滴的小突破开始，不断优化、不断完善，直到最后呈现出完美的状态，它是INTJ人群做事情的标准，不达极致不罢手。

而普通的多数人遇到困难，第一反应是，怎么这么难？！第二反应是，太难了！第三反应是，太难了，我做不出来，算了吧！接着就没有然后了。

但凡高阶INTJ人群认定的事情，都会坚定地去做，直到做出一个像样的结果。高阶INTJ人群的一个独特之处，就在于能把任何一件困难的事情都做出结果，且是不错的结果。

写到这里，我想用卢梭说过的一句话与大家共勉："想要拥有坚定的意志，必须让执念扎根心灵深处，它如同敲打铁砧的利器，使我们积极奔跑，点燃理想，绽放光芒。"

14.5　留白效应，让创新驻足成长

《稀缺：我们是如何陷入贫穷与忙碌的》一书里有个小故事：一家医院手术室的使用率常年达到100%，每遇急诊手术，只能挤掉排期内手术，导致排期错乱，手术后延，各种加班，各种手术质量事故。无奈中，院方请来顾问协助解决问题。没想到顾问却建议，留下一间手术室专为急诊备用[①]。

本来手术室就很紧张，还要留下一间备用？这个方案备受质疑。然而方案被采纳后，手术接诊率即刻上涨了5.1%。把例外管理变成例行管理两年后，手术接诊率上涨了11%。

工作过度饱和会导致一个人的认知能力下降，削弱其分析、判断和推理能力，影响其执行力和控制力。而适当留白的空闲时间不仅能保证大脑正常运作，还能大幅提升工作效率。恰如道路占用率达到70%左右时交通效率最高，而达到100%时，会带来

[①] 塞德希尔·穆来纳森、埃尔德·沙菲尔：《稀缺：我们是如何陷入贫穷与忙碌的》，魏薇、龙志勇译，浙江人民出版社2018年版。

拥堵和刹车损耗，让交通的整体效率大幅下滑。

INTJ人格的人是系统构架者，也是效能优化者，以直觉为主导功能的INTJ人格的人是天生的架构师，他们设计架构、掌控时间、规划未来，INTJ人格的人很多直觉、顿悟和灵气都产生于独处。因此，INTJ人格的人需要独处的时间，需要在大段不被打扰的空白时间里，找到攻坚密码。所以，INTJ人格的人的家里，只要条件许可，都有很多可以独处的空间。但是一旦挪步到办公室，就从无须回应式的独处环境进入讲规则、讲程序的无条件回应的环境，深度思考不复存在，大脑在每个刻度里旋转。INTJ人格的人的直觉、顿悟和灵气也会随之消弭。

因此，在对INTJ人格的人的管理中，放空管理是一门挑战性极高的管理课题，管理者既需要让INTJ人格的人能满负荷运转起来，实现对所负责项目的全身心投入，又需要安排合理的空白时间，让INTJ人格的人的创意能够萌芽、生长、壮大。

这个度的把握，有着高超的技巧。

譬如某家大数据公司，研发人员习惯了加班到凌晨一两点，然后午休时补觉，有些从午餐后一直补觉到下午三点。但是新来的制造业出身的老大，发现员工居然要休息到下午三点，这太纵容过度了。于是，他在办公室放了一个闹钟。

次日下午两点，睡梦中的员工被惊叫的闹铃闹醒后大光其火，他们集体把这个老大告上了董事会，理由是惊叫的闹铃剥夺了他们的留白时间，让他们的创意和思考变得僵硬。最后董事会成员商议后，决定挪走闹钟。

创新需要严谨的逻辑思考，也需要发散性思维提供素材和养分。INTJ人群有自己的节奏和规划，在某种意义上，INTJ人群的自律是基于自身的留白时段而构建的。INTJ人群的创新需要靠环境的宽容来激发。过度的苛责和管控会让INTJ人群的思维和身体变得僵硬，让他们的灵感枯竭。

对于INTJ人格的人来说，让他们身心柔软起来的妙方是：足够多的支持，能独立支配的时间，关键时刻一个赞许的眼神，里程碑节点上一句"加油，我相信你"。有了上述那些，就足够了。

当上述阳光、空气和水（支持、留白和欣赏）严重缺失时，INTJ人格的人会变得狂躁、易怒，结果产出会变得非常不稳定。紧锣密鼓的时间安排，挤掉了INTJ人格的人思考和抬头看路的时间，使得INTJ人格的人总是处在过度负载、精疲力竭的状态下。遇有突发状况时，INTJ人格的人陷入力有不逮的困境，只能挤掉时间表上的排期，重新规划整个价值链的排期，导致时间精力的重复性损耗。同时会把INTJ人格的人的灵性消磨殆尽，而佛系的宽松，反而会让INTJ人格的人铆足了劲儿加油干。

INTJ人群撸起袖子加油干，是自己把袖子撸起来，而不是被别人所安排，他们对分配的任务提不起干劲儿。对于INTJ人群来说，他们很享受主动思考、学习、工作带来的掌控感。一言以蔽之，INTJ人群只把时间掌握在自己手里，才有从容感和富足感。如果时间安排得密密匝匝，一个会议接一个会议永无止境，会让INTJ人群无暇思考，无暇构建自己的方法论，最终会扼杀他们的创造力。而适当的留白和放空，则会让创新驻足成长。

这也是为什么华为、谷歌、脸书会在办公区打造躺椅、咖啡室、森林、溪流的原因所在：为了给包含INTJ人群在内的内向思考者更多的独处空间，以激发他们的创造力。

INTJ人群是独处世界的王者，独处是INTJ人群的生活方式，它赋予INTJ人群更多的能量、思考、深度洞察和直觉。那些能在独处中找到快乐并且甘之如饴的，才是真正的INTJ人群。

对于INTJ人群来说，独处是为了在喧嚣中保持沉静，维持自身的独立性和判断的精准性。但是，为了让这个特质浮出水面，INTJ人群需要用毕生的精力对抗内在的喧嚣和浮躁。

第十五章

INTJ群体的攻坚力精进篇：有实力，才有底气

所谓势均力敌，无关乎地位、权利、社会层次，而关乎自我价值感、灵魂有趣度、思维深度，以及思维链接的敏捷度。这也是为何INTJ人格的人既能蹲下来和一个充满灵气的5岁孩子对话，也能和一个眼角深藏着智慧的老人促膝交谈的原因。

15.1　只有势均力敌，方能平起平坐

一天讲课的午休时间，凑齐了三个INTJ人格的人，我、小L和C博士，我们聊了很久。C博士是一家生物医药公司的老大，典型的专家型CEO，才在《自然》杂志上发表了一篇论文。那天，我们聊到一个有意思的话题，就是我们惊奇地发现"NT"类型的人的一个隐藏功能，即在我们很弱小的时候，我们就可以抛掉身份、地位、年龄、职位，抬起头来，在任意层次，和有趣的灵魂无框架平等对话。而且，只要思想流动起来，我们能像水一样，被快速塑造，赋予机器深度学习一样的秒杀新领域关键点的能力，在任意维度进退自如，仿若那些未知领域，我们曾经就是进进出出的圈内人！

这个惊奇的发现，让我和C博士都很兴奋，我们分享了很多自己的有趣经历，比如C博士提到他在默默无闻（直到今天他都仍然认为自己默默无闻）去开各类研讨会的时候，和行业大佬们

平等交流、思维碰撞，完全没有你强我弱、谦卑恭敬的感觉。

我也联想到当我24岁第一次坐在省长办公室邀请省长来给彼时就职的外企剪彩时那种平起平坐的淡定从容，那时候很青涩，只是单纯地有一种"我的世界很精彩，值得和你分享"的无知无畏。

那天课程结束，开车回家的路上，我突然悟到一点，这个尚未被很多INTJ人格的人解锁的功能背后，其实有个解锁条件，即只有势均力敌，方能平起平坐。

虽然C博士那时候籍籍无名，甚至没有一个可视化成果作为对话的压舱石，但是，那时候他的隐形成果的存储量已经到了无法"韬光养晦"的程度。当内在足够丰富饱满，有了清晰的逻辑层次和思维密度，你说出的每一句话、做的每一个动作，其实都自带芳华。你的每一个观点，都能让人精神为之一振。

而共振带上的另一方，这时，会从枯燥的人群中抬起头来看你一眼，就像《当幸福来敲门》影片中，克里斯苦苦等待，终于争取到和托斯维尔同坐出租车的机会，他只希望托斯维尔能关注一下自己，无奈托斯维尔一心扑在自己的"魔方"上，连看都不看他一眼。但是，当克里斯终于把魔方拼好递到他手上时，托斯维尔终于抬起头来，认真看了他一眼。

这就是为何甄选高潜人才时对面试官的要求非常高，因为高潜人才很难和级差太大的面试官产生同频共振，他的才华掉落在冰冷光滑的大理石上，很快就会枯萎、死亡。也许前一分钟他们被当作庸才扔进垃圾筐，下一分钟就能被另一个有趣的灵魂从垃圾桶里捡出来，快速实现人生逆袭。简言之，面试者的思想密度和有趣度是挖掘高潜人才的核心关键，你无法用你没有的东西去激发另一个人身上的灵气。灵气有一个苛刻的条件，就是同频才能共振，共振才能产生连接。这也是为什么很多高潜人才反而栽在第一次面试上，因为思想密度级差太大，双方说不到一块儿去。

因此，这项特质也可以作为一个人才筛选的工具，你的语言中的思想密度、眉宇间的思想痕迹、唇齿间的思想绽放，总能让和你聊过的人记住你，因为你是独特的、有价值的、有内秀和思想的，就像富含金矿的矿山，连空气里都飘着磁性，周边都有金色跳跃。

所以，无论在哪里，面试也好、研讨会也好，和大咖对话也好，只有势均力敌，方能平起平坐。

总结下来，所谓势均力敌，无关乎地位、权利、社会层次，而关乎自我价值感、灵魂有趣度、思维深度，以及思维链接的敏捷度。这也是为何INTJ人格的人既能蹲下来和一个充满灵气的5岁孩子对话，也能和一个眼角深藏着智慧的老人促膝交谈的原因。

尽管进化了很多年，INTJ人格的人仍然保留了原始的嗅觉，能通过同频共振的触须触达思想同频的人群，并在彼此意会的思想交流中深深陶醉。同时习得了先进的大数据分析技巧，能通过大数据导航，把自己导航到思想共振带上，在那里，找到自己的同类。

15.2 "一作思维"：重大决策，无须问询

在寻找INTJ人格的人未被解锁的高级功能时，我的脑子里浮现很多INTJ人格的人的高能画面，在把每个画面里的出现频率最高的关键词剥离出来的过程中，我脑海中形成了一堆INTJ人格的人的关键词集合，包括：自发、前置、牵引、到位、笃定、拍板、决策、确证、印证、信任、放手、主导、一作思维，等等。

最后，我选定了"一作思维"，并以此来写这篇文章。我觉得这是INTJ人群的精髓特质，也是INTJ人群最难被解锁的顶级功能。

解释一下什么是"一作思维"。写过论文的朋友都知道，你的论文如果中了顶会（顶级会议），而你又是第一作者，那你的荣耀和自豪一定踢爆二作（第二作者），因为一作是主导者，创新是他的，论文的研究方法是他敲定的，实验路线也是他设计的，所以，一作的含金量远高二作、三作，基本二作以下都是打

酱油的。

所谓"一作思维",就是Owner(主人)思维,即我是这件事的主人。

溯源分析时,发现身边的INTJ人群,无论多么年轻,甚至有些刚刚踏入社会,20岁出头的样子,他们都有着"我的事情我做主"的一作精神。比方只待了两个月的心流,他来以前,我们公众号每篇内容的通稿,我都要审核。但是,他只用了一周,就把我踢到一边,自己成了一作。他从一个废弃公众号起步,一个多月就让它涨粉1万,这个公众号出来的文章大都文笔凝练、内容精粹,从此以后,这个公众号就由他全权负责了。

从心流这里,我提炼出一作思维的四大特征:向上沟通前置化,抓客户痛点精准狠,聚焦做事标准高,结果亮丽可持续。定方向之前,一是他和我深度沟通了好几轮,直到彻底摸清我的想法和理念;二是舍得花海量时间分析目标客户,对目标人群的痛点感知清晰;三是每天像尊石雕一样趴在工位上,舍得下功夫,做事标准高,文笔简洁犀利,直达核心,连标点符号都很考究;四是每天的结果都很棒,且越来越好。最后,自然而然地,他就成为这个公众号的一作了,我成为他系统中的一个配件,所有他领域的事,我统统回答:"去找心流。"如是,心流成为出镜率和点播率最高的那个人。渐渐地,他就是头牌,作决策时他直接拍板,无须问其他人。

我想如果心流不走的话,要不了多久,我拍板决策都会找他拿主意。

所以,所谓"重大决策,无须问询"的背后,就是这件事的实际掌控者就是他，其他人都是摆设，走走过场而已。当他从头至尾张罗过这件事之后，里面的穿针走线，还真找不出第二个人比他更清楚的，所以很自然的，他就成了拍板决策的那个人。

那么，为什么鲜少有人敢直接跳过老板，拍板决策呢？

我想根本的原因是一作思维的四大特征里面的一步差，步步差吧。第一步向上沟通前置化方面，没搞清楚努力的方向就开始奋力奔跑，肯定跑进罗翔老师的经典"粪坑"里；第二步盘需求，这一步没走好就变成了闭门造车，你不撞南墙谁撞；第三步聚焦做事标准高，这一步最硬核，既要拼脑力、体力，还要拼实力，纵使前边一路跌跌撞撞跑到了这里，估计也倒在了实力这个烧烤架上；第四步拿结果，前边三步任意一步跟跄了一下，这个结果也就栽了。

每一步差那么一点点劲道，最后就差了很大一截。而最后这个结果本身则带来量级提升。好的结果产生笃定的气场和淡定的气质，拓宽人的格局和视野，自带吸金效应和影响力。当有了足够多的结果时，也就有了大事当前一锤定音的实力。

总结下来，所谓"一作思维"，就是你把自己变成了自己领域的第一，不是你不想向上汇报，而是上面无人可汇报，你就是你所在领域的实际决策层。即使你向上汇报了，上级还是会让你拍板。久而久之，习惯成自然，INTJ人群就有了妥妥的舍我其谁的拍板勇气。

15.3　最佳实践萃取：怎样推动一件困难的事情

在萃取INTJ人群的核心胜任力素质模型过程中，我一直在思考，为什么再困难的事情到了INTJ人群这里，就迎刃而解了呢？到底是INTJ人群身上的哪一点，使得他们在这个维度上格外耀眼？

后来发现，INTJ人群并不是靠一种能力或者靠若干技巧的组合来推动一件困难的事情，而是靠系统性的胜任力，从Owner（主人）心态，到无所畏惧的心性，到目标锚点，到识别关键成功要素，到针对关键成功要素的左冲右突，这是一个系统性的行为工程，里面包含了诸多性格、价值观、认知等要素。

第一，我们来看一下Owner心态。如同我们在"一作思维"里所提及的，INTJ人群对于自己感兴趣又付出了努力的事情，最终都能成为这件事情的Owner，原因无他，只因为他们天性如此，INTJ人群具有其他人格类型人群罕见的沉浸式工作模式，在启动这个模式时快速进入"思维奔跑"状态，瞬时实现饱和式渗透，使得他们很快在这件事情上居于领先态势。加之他们理解力优于常人，责任心赛过90%的人，常常打工打着打着就成了虚拟Owner。这是INTJ人群成功解决问题的关键，即Owner心态：我经手的事情，我负责到底。从不甩锅，不屑于"等靠要"。

第二，是INTJ人群无所畏惧的心性。INTJ人群从不害怕冲突，不害怕难题。INTJ人群有着内向优势的核心特征，即加速时间长，但是高速时却相当厉害[1]。所以INTJ人群在赛道的选择上，本能地选择能让自己的优势充分发挥的"长跑赛道"，规避"短跑赛道"，避免频繁加速带来的能量过度损耗。虽然"长跑"对毅力、体力、智力都是极限考验，但是，对于高阶INTJ人群来说，事情越难越有价值，越难则壁垒越高，竞争稀少，一旦突破就可获得长久的竞争优势。这使得INTJ人群走上一条迥异的成长路径，视崎岖为坦途，遇到"瓶颈"和低谷不设限，不消沉，制心一处，打磨心性，直至成功突破"瓶颈"，通过实践弥补能力短板。

第三，是INTJ人群的终点思维。INTJ人群像面对葫芦娃一样打开一层又一层的二级目录、三级目录，永远不会迷失，他们会一直爬到一级目录上去找源头目标，这是INTJ人群不被带节奏的关键。

终点思维包含两个维度：一是一劳永逸的生活态度，二是终

---

[1] 神农祐树：《内向优势：性格内向者的潜在竞争力》，杨本明、曾琪之译，人民邮电出版社2021年版。

点倒推的急迫感。

第一维度上，为达到终极目标的一劳永逸才是INTJ人群的追求，因为站得高，看得远，INTJ人群鲜少会为了眼前的利益牺牲长远的利益。所以，如果INTJ人群不小心过度承诺了一件事，他们不会等到暴雷后再去解释（"一逸永劳"），而是坦诚面对，当即解释，接受客户的暴怒和责骂（"一劳永逸"）。他们不会为了短期利益偏离目标，丢掉初心。

第二维度上，唯有面对终点，才能产生紧迫感，这也是INTJ人群能快速推动问题解决的关键。看不到终点的人，始终自我感觉良好。只有看到终点的人，才会有走得实在太慢了的感触。如同一家IPO拟上市公司，看到IPO终点，才发现还有这么多事情要做，业绩要达标，营收要提升，产能要跟上，销售要扩区招人，这种终点思维带来的紧迫感，是INTJ人群强力推进一件事的原发动能。

第四，寻找突破点。这是推动力的点睛之笔，每一个困难的背后，都有一个破绽，大多数人之所以看不到破绽，要么是因为太过急躁，要么就是根本偏离了目标，要么就是问题的定义出了问题，等等。

如同杰拉尔德·温伯格所言："我已然相信在这海量的信息中一定有客户问题的解决方案，要不是信息铺天盖地，客户自己就会看到解决方案[1]。"

---

[1] 杰拉尔德·温伯格：《咨询的奥秘：寻求和提出建议的智慧》，苏佳译，人民邮电出版社2013年版。

第五，针对关键成功要素的左冲右突。只要有破绽，就一定有解决方案，找到破绽只是第一步，在破绽处拼命努力，才是INTJ人群攻坚力的核心。此处没有其他捷径，就是校准目标后不计回报、高质量地投入，只有每一榔头都敲到了破绽上，破绽才有被撬开的可能性。INTJ人群的饱和式敲打是推动事情的关键，与其每次用小力气，不如积攒一次大力气，憋足力气一口气敲打下去来得快。

如是，难题到了INTJ人群这里都迎刃而解了。

15.4　人间正道是沧桑，不在关键点上偷懒

某次我访谈一个药企研发总监，他提到一个行业普遍存在的问题：研发工作量太大，实验经常失败，团队很挫败。

我问："主要卡点在哪里？"

答："最大的卡点，是实验方案的要素识别不精准，导致实验总是失败。"

问："要素识别花了多长时间？"

答："大家边做边识别，把找到的罗列出来，就开始实验，没花太多时间，只要觉得可以，就先做起来。"

问："要素识别阶段，没有认真去查找文献吗？"

答："查了，但是没时间系统性地去查，太忙了。"

沉吟了一会儿，我问："你们是否在用战术的勤奋掩饰战略的懒惰？"

显然他们在关键点上偷懒了。

在给另一家药企做访谈时,我特意选了一个项目进度推进最好的研发小组,组长碰巧是INTJ人格的人,不善言辞,但是思路很清晰。

我问:"为什么你们的研发效能很高,你们和其他组最大的区别是什么?"

他说:"实验规划很重要,我们团队20多人,做得相对轻松,主要是我们在方案设计阶段下的功夫深,要素识别的时候,我们20多人把国内外所有相关领域的文献都读了一个遍,半天做实验半天泡图书馆,把背景搞清楚以后,要素识别就很精准,所以实验没走太多弯路。另一个A4项目组很吃力,总加班,因为他们在要素没识别透彻的情况下,就急于做实验,想走捷径,结果欲速则不达。"

不在关键点上偷懒,应该是人间正道的正解。所谓人间正道是沧桑,正确的路都是难走的路,太容易走的路,多为旁门左道,商业如此,研发亦然。实验方案是实验成败之关键,要素识别又是实验方案的关键,如果想要实验少返工,前期必须踏踏实实看文献,如此才能精准识别要素,这个过程虽然耗时多、产出少,却是最关键的一步,没有捷径可走,最难的路才是正道。

虽然一次次的实验失败对研发人员来说是家常便饭,但是,在INTJ人群的眼里,实验永远都有优化的空间,研发本身也需要战略和战术。

那么,怎样才能缩短研发周期,应对一次次实验失败呢?

(1)战略着力:首先要下大力气去找到关键成功要素,不用战术的勤奋掩盖战略的懒惰。不在无谓的事情上浪费时间,比如边找边做,看起来节约时间,实则浪费了大量试错的时间。研发成果来自投入的有效时长，即花在关键成功要素上的时间，没找到二八原则中的20%的关键事件，就开始盲目用力，只会拉长无效投入，增加失败风险，打击团队士气。

（2）战术上的饱和打击：找到着力点之后，付出不亚于任何人的努力，是成本最低、用力最少的成功方式。比如本节文章第二个案例中那一组下大力气识别要素。

这也是何以毛主席会倾尽全力想要赢得朝鲜战争，因为这场战争关乎中国几十年的和平，是新中国发展壮大的关键成功要素，打得一拳开，免遭百拳来。同样，我们在培养咨询顾问时，会格外关注他们的第一篇PEST分析报告，因为入职后的第一个成功能使新员工产生归属感和成就感，也是建立工作标准的至关重要的一步。所以，为了确保能提交一份有质量的成果，他们第一个项目的PEST分析报告往往要改10次以上。经此一役，他们往往透彻掌握了咨询报告的标准，就会省掉后续每个项目上返工的时间。

同样，我们做的高管挂职项目，都让他们把挂职当任职，挂职半年间帮挂职单位解决一个痛点问题，通过做透一件事，构建多维度高管胜任力，抓住重点能力：沟通协作能力、整合资源的能力、解决问题的能力，以及系统思考的能力。每一次挂职目标达成，都是一次爆发性成长，相当于一次高当量的爆破，能让他们快速突破能力"瓶颈"，实现积跬步无法达到的高速成长。

以下，给年轻的INTJ人群三个建议：

（1）要有饱和式打击。想做一件事，就狠狠地下功夫，直到做成功。就像饭必须一次煮熟，否则就算再煮也会夹生。狠狠下功夫的成本最低，用时最短。舍不得狠狠下功夫，就得一辈子痛苦地下功夫，一辈子半生不熟地夹生着。

（2）困难的事情才是有价值的事情。所有拿高薪的人，唯一的共性是，他们做的事情别人做不了。到了任何新岗位，别人做不了的事情，你接手过来，拼命做成功哪怕一件，你就有了叫板高薪的底气。

（3）任何一件事，只要想做成，你总会做成。只要你尝试了从不同的方向突破，最后，你一定会在第N次突破时取得成功。

推荐阅读

一线大厂10年面试方法论自助宝典！

书　　名：极简面试心法：百万年薪Offer，你也可以
作　　者：张灿
书　　号：978-7-5454-8149-5
定　　价：72元
出版日期：2022年3月
出 版 社：广东经济出版社

场景化演讲学习，掌握套路，演讲不愁！

书　　名：黄金圈框架：一学就会的演讲套路
作　　者：陈权
书　　号：978-7-5454-8291-1
定　　价：68元
出版日期：2022年4月
出 版 社：广东经济出版社

推荐阅读

360度详解如何开展高质量的招聘面谈！

书　　名：极简招聘面谈法：15分钟面谈组建高效团队
作　　者：羡婕
书　　号：978-7-5454-7603-3
定　　价：45元
出版日期：2021年2月
出 版 社：广东经济出版社

学习华为高维团队建设法，让你也能带出王者团队！

书　　名：华为团队建设法：高维团队，高举高打
作　　者：唐文成
书　　号：978-7-5454-8619-3
定　　价：48元
出版日期：2023年5月
出 版 社：广东经济出版社